高等职业院校基于工作过程项目式系列教材
企业级卓越人才培养解决方案"十三五"规划教材

C 语言程序设计项目式教程

天津滨海迅腾科技集团有限公司　主编

南开大学出版社
天　津

图书在版编目(CIP)数据

C语言程序设计项目式教程/天津滨海迅腾科技集团有限公司主编. —天津：南开大学出版社，2019.8(2024.1重印)

高等职业院校基于工作过程项目式系列教材 企业级卓越人才培养解决方案“十三五”规划教材

ISBN 978-7-310-05863-1

Ⅰ. ①C… Ⅱ. ①天… Ⅲ. ①C语言－程序设计－高等职业教育－教材 Ⅳ. ①TP312.8

中国版本图书馆CIP数据核字(2019)第179301号

天津滨海迅腾科技集团有限公司主编

C语言程序设计项目式教程
CYUYAN CHENGXUSHEJI XIANGMUSHI JIAOCHENG

南开大学出版社出版发行
出版人：刘文华
地址：天津市南开区卫津路94号 邮政编码：300071
营销部电话：(022)23508339 营销部传真：(022)23508542
https://nkup.nankai.edu.cn

河北文曲印刷有限公司印刷 全国各地新华书店经销
2019年8月第1版 2024年1月第5次印刷
260×185毫米 16开本 15.5印张 394千字
定价：59.00元

如遇图书印装质量问题，请与本社营销部联系调换，电话：(022)23508339

高等职业院校基于工作过程项目式系列教材
企业级卓越人才培养解决方案“十三五”规划教材
编写委员会

基于产教融合校企共建产业学院创新体系简介

基于产教融合校企共建产业学院创新体系是天津滨海迅腾科技集团有限公司联合国内几十所高校，结合数十家行业协会及1000余家行业领军企业人才需求标准，通过10年在高校中实施而形成的一项科技成果，该成果于2019年1月在天津市高新技术成果转化中心组织的科学技术成果鉴定中被评定为“国内领先”水平。该成果是迅腾集团贯彻落实《国务院关于印发国家职业教育改革实施方案的通知（国发〔2019〕4号）》文件的深度实践，迅腾集团开发了具有自主知识产权的“标准化产品体系”（含329项具有知识产权的实施产品），从产业/项目/专业/课程四方面构建了具有企业特色的产教融合校企合作运营标准“十个共”、实施标准“九个基于”、创新标准“七个融合”等全系列、可操作、可复制的产教融合系列标准，形成了在高等职业院校深入开展校企合作的系统化、规范化流程。该成果通过企业级卓越人才培养解决方案（以下简称“解决方案”）具体实施。

该解决方案是面向我国职业教育量身定制的应用型技术技能人才培养解决方案。该方案是以教育部—滨海迅腾科技集团产学合作协同育人项目为依托，依靠集团研发实力，联合国内职业教育领域相关政策研究机构、行业、企业、职业院校共同研究与实践的方案；是坚持“创新校企融合协同育人，推进校企合作模式改革”的宗旨，消化吸收德国“双元制”应用型人才培养模式，深入践行基于工作过程“项目化”及“系统化”的教学方法，设立工程实践创新培养的企业化培养解决方案。该方案服务国家战略，在京津冀教育协同发展、中国制造2025等领域培养不同层次的技术技能人才，为推进我国实现教育现代化发挥积极作用。

该解决方案由“初、中、高”三个培养阶段构成，包含技术技能培养体系（人才培养方案、专业教程、课程标准、标准课程包、企业项目包、考评体系、认证体系、社会服务及师资培训）、教学管理体系、就业管理体系、创新创业体系等，采用校企融合、产学融合、师资融合的“三融合”模式在高校内共建大数据学院、人工智能学院、互联网学院、软件学院、电子商务学院、设计学院、智慧物流学院、智能制造学院等，并以“卓越工程师培养计划”项目的形式推行，将企业人才需求标准、工作流程、研发规范、考评体系、企业管理体系引进课堂，充分发挥校企双方优势，推动校企、校际合作，促进区域优质资源共建共享，实现卓越人才培养目标，达到企业人才招录的标准。本解决方案已在全国几十所高校开始实施，目前已形成企业、高校、学生三方共赢的格局。

天津滨海迅腾科技集团有限公司创建于2004年，是以IT产业为主导的高科技企业集团。集团业务范围已覆盖信息化集成、软件研发、职业教育、电子商务、互联网服务、生物科技、健康产业、日化产业等。集团以科技产业为背景，与高校共同开展“三融合”的校企合作混合所有制项目。多年来，集团打造了以博士、硕士、企业一线工程师为主导的科研及教学团队，培养了大批互联网行业应用型技术人才。集团先后荣获全国模范和谐企业、国家级高新技术企业、天津市“五一”劳动奖状先进集体、天津市“AAA”级劳动关系和谐企业、天津市“文明单位”“工人先锋号”“青年文明号”“功勋企业”“科技小巨人企业”“高科技型领军企业”等近百项荣誉。集团将以“中国梦，腾之梦”为指导思想，坚持围绕产业需求，坚持利用科技创新推动，坚持激发职业教育发展活力，形成“产业＋科技＋教育”生态，为我国职业教育深化产教融合、校企合作的创新发展做出更大贡献。

前 言

C语言是一门基础并且不断发展的计算机程序设计语言，其应用极其广泛，既可以编写系统程序，也可以作为应用程序设计语言，编写不依赖于计算机硬件的应用程序。使用C语言能够方便地构建简单、可靠、高效的应用程序。但应用程序的开发是一项复杂且具有创造性的工作，它不仅需要开发人员掌握C语言的理论知识，还需要具备创造性的编程思维。培养编程思维是一件不容易的事情。本书从程序设计思想入手，将基本编程技术和C语言的基本语法知识很好地融合在一起，通过大量案例帮助读者理解知识，掌握方法。本书通过学以致用的方式鼓励读者掌握所学知识，形成编程思想，提高编写程序的能力。

本书把“两个整数的四则运算”“绘制图形”“万年历”“计算个人所得税”和“学生成绩统计”等五个项目拆分成19个任务，对任务涉及的技能点进行系统重组，加以详细讲解，并一步步实现项目目标。充分提高所学知识的应用程度，使读者所学即所用。本书由浅入深，层层递进地讲解C语言中程序结构、数据类型、运算符、循环结构、选择结构、函数、变量、数组、枚举、指针和文件操作等内容，知识点明确，内容衔接流畅，通俗易懂。

本书每一个项目都设有学习目标、学习路径、课前准备、任务技能、任务实施、任务拓展、任务总结。任务技能主要通过案例讲解技能知识，并使用所学内容完成任务实施与任务拓展中对应案例，从而帮助读者理解知识，掌握学习方法。本书所含C语言经典案例基本涵盖了C语言项目开发中的常用核心技术，用来帮助读者快速建立编程思想，掌握编程方法，丰富实战经验的目的。此外，本书还加入了英语角、任务习题模块，可以检测读者的理解情况，进一步强化重要知识点的掌握，有助于读者理解和消化那些难以理解的概念。

本书由孙锋任主编，负责全书架构设计和编写体例设计，对全书进行了修改和统稿。王新强、李树真、刘涛和郝丽燕任本书副主编，对全书内容进行规划、编排和修改。具体分工如下：项目一和项目二由王新强、李树真编写，孙锋负责全面规划；项目三和项目五由孙锋、郝丽燕编写，王新强负责全面规划；项目五由王新强编写，李树真负责全面规划。

本书采用了友好、易于使用的编排方式，内容详尽，实例丰富，不仅可以帮助C语言初学者得到正确的理论知识，为后期的学习奠定坚实的基础，还可以帮助精通其他编程语言的开发人员更好的掌握C语言开发的要求，提高实际编程能力。

天津滨海迅腾科技集团有限公司

2019年8月

目录

项目一　两个整数的四则运算 …… 1
学习目标 …… 1
学习路径 …… 1
课前准备 …… 2
任务一　指定两个非零整数的基本运算 …… 2
任务技能 …… 2
任务实施 …… 19
任务拓展 …… 20
任务二　随机输入的两个非零整数的基本运算 …… 21
任务技能 …… 21
任务实施 …… 22
任务拓展 …… 22
任务三　随机输入的整数的基本运算 …… 23
任务技能 …… 23
任务实施 …… 29
任务拓展 …… 30
任务四　随机输入一个由两个整数组成的四则运算式 …… 31
任务技能 …… 31
任务实施 …… 33
任务拓展 …… 34
任务五　随机输入十次由两个整数组成的四则运算式 …… 35
任务技能 …… 35
任务实施 …… 36
任务拓展 …… 38
任务总结 …… 39
英语角 …… 40
任务习题 …… 40
项目二　绘制图形 …… 43
学习目标 …… 43
学习路径 …… 43
课前准备 …… 44
任务一　使用无参函数，实现根据不同内容输出不同图形 …… 44

任务技能 …… 44
任务实施 …… 54
任务拓展 …… 58
任务二 使用有参函数,分别显示不同图形 …… 59
任务技能 …… 59
任务实施 …… 62
任务拓展 …… 67
任务三 设计主菜单,由用户选择不同图形进行输出 …… 68
任务技能 …… 68
任务实施 …… 70
任务拓展 …… 72
任务四 函数的嵌套调用 …… 73
任务技能 …… 73
任务实施 …… 78
任务拓展 …… 82
任务总结 …… 83
英语角 …… 84
任务习题 …… 84

项目三 万年历 …… 89

学习目标 …… 89
学习路径 …… 89
课前准备 …… 90
任务一 在屏幕上显示 2019 年 1 月的日历,每行一周 …… 90
任务技能 …… 90
任务实施 …… 91
任务拓展 …… 92
任务二 并排显示 2019 年前 3 个月的日历,每行显示每个月的同一周 …… 93
任务技能 …… 93
任务实施 …… 99
任务拓展 …… 101
任务三 显示 2019 年全年日历,每 3 个月一排,每行显示相邻 3 个月的同一周 …… 102
任务技能 …… 102
任务实施 …… 114
任务拓展 …… 117
任务四 输入年份,显示该年的日历,每 3 个月一排,每行显示相邻 3 个月的同一周 …… 118
任务技能 …… 118

任务实施 …… 127
任务拓展 …… 130
任务总结 …… 131
英语角 …… 132
任务习题 …… 132

项目四 计算个人所得税 …… 137

学习目标 …… 137
学习路径 …… 137
课前准备 …… 138
任务一 计算个人所得税后输出 …… 138
任务技能 …… 138
任务实施 …… 146
任务拓展 …… 148
任务二 将税率表存放在结构体数组中，然后再计算个人所得税并输出 …… 150
任务技能 …… 150
任务实施 …… 159
任务拓展 …… 162
任务三 计算个人所得税，长期存放税率表，并显示 …… 164
任务技能 …… 164
任务实施 …… 175
任务拓展 …… 179
任务总结 …… 182
英语角 …… 183
任务习题 …… 183

项目五 学生成绩统计 …… 188

学习目标 …… 188
学习路径 …… 188
课前准备 …… 189
任务一 计算学生课程总评成绩 …… 189
任务技能 …… 189
任务实施 …… 197
任务拓展 …… 199
任务二 计算班级课程及格率、最高分和最低分 …… 200
任务技能 …… 200
任务实施 …… 202
任务拓展 …… 206
任务三 统计平时成绩、期末成绩和总评成绩各分数段人数 …… 207

任务技能 …… 207
任务实施 …… 208
任务拓展 …… 212
任务四 按总评成绩为全班学生排序 …… 214
任务技能 …… 214
任务实施 …… 216
任务拓展 …… 220
任务五 班级成绩报表可视化 …… 221
任务技能 …… 221
任务实施 …… 222
任务拓展 …… 229
任务总结 …… 230
英语角 …… 231
任务习题 …… 231

项目一　两个整数的四则运算

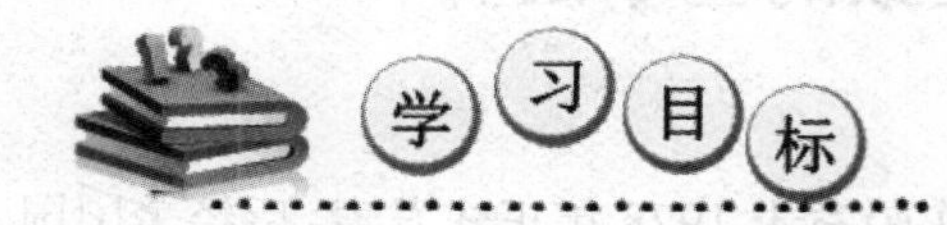

通过编写计算任意两个整数的四则运算程序，介绍 C 语言程序基本结构，调试运行流程，以及实现该功能所必需的 C 语言语法知识。在任务实现过程中：

- 了解 C 语言程序的基本构成与运行方法。
- 理解常量、变量的区别以及整型、字符型数据的常量、变量表示方法。
- 掌握算术运算符、关系运算符及算术表达式、关系表达式。
- 掌握数据的输入输出函数及使用方法。
- 具有使用 if-else 语句及 while 语句实现基本功能的能力。

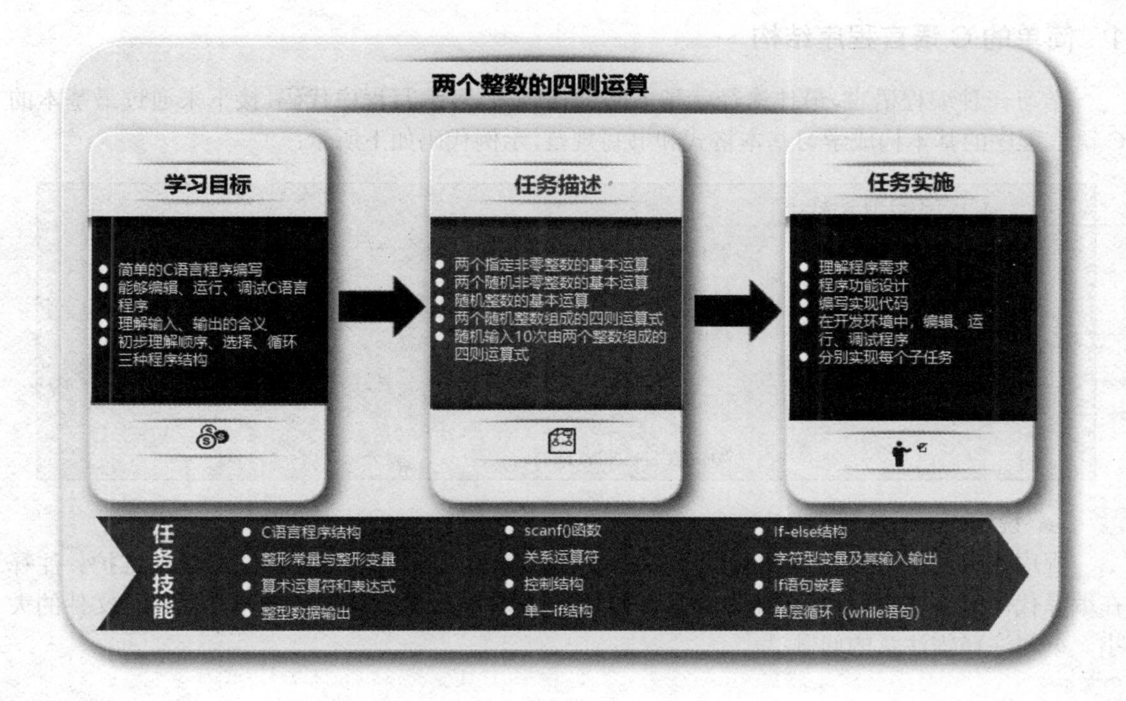

在进入到本项目的学习前，了解计算机的基础知识，对各类编程语言有所涉及，能够理解结构化程序设计、流程图的内容和格式。

任务一　指定两个非零整数的基本运算

C语言最初是由美国电报电话公司（AT&T）贝尔实验室于1978年正式发表，后经美国国家标准协会的统一，形成了C语言的最初标准，称为ANSI C。早期的C语言主要应用于Unix系统中，但随着C语言的强大功能和各方面的优点，逐渐被人们所认可。20世纪80年代，C语言开始被逐渐应用到其他操作系统中，并很快在各种类型的计算机上得到了广泛使用，进而成为当今最优秀的程序设计语言之一。

C语言作为一种程序设计语言，有严格的字符集和严密的语法规则。程序中各类语句是根据语法规则由字符集中字符构成的。接下来通过C语言程序的基本构成、常量、变量及运算符等内容学习C语言中的基本知识。

1　简单的C语言程序结构

学习一种编程语言，最佳途径就是多阅读代码段，多编写程序代码，接下来通过最基本的C语言程序的基本构成学习基本格式和书写规范，示例代码如下所示：

```
/* 本程序实现功能 */
#include<stdio.h>            /*include 称为文件包含命令 */
void main()                  // 定义主函数
{                            /*main 函数体开始 */
函数声明部分
C 语言各种语句
}                            /*main 函数结束 */
```

说明1——注释

程序注释是书写规范程序时很重要的一个内容，注释可以方便程序的阅读和维护。注释在编译代码时会被忽略，不会编译到最后的可执行文件中，所以注释不会增加可执行文件的大小。编写注释需注意的问题：

（1）在 C 语言中，注释若由字符 / * 开始，以 * / 结束，中间可以有多行文字，在 * 和 / 之间不允许有空格，以下是错误注释的示例：

```
/ *include 称为文件包含命令 *  /
```

（2）若以字符 // 开始，则仅允许单行注释，示例代码如下所示：

```
// 定义主函数
函数开始 ( 本行内容无法注释 )
```

（3）注释可出现在程序的任何位置，但不能出现在关键字或标识符中间，以下是错误注释的示例：

```
/*vo*/id //main()
{
  函数声明部分
  C 语言各种语句
}
```

说明 2——预处理

include 称为文件包含命令，其意义是把双引号 "" 或尖括号 <　> 内指定的文件包含到本程序来，成为本程序的一部分。被包含的文件通常是由系统提供的，其扩展名为 .h 的头文件。C 语言的头文件中包括了各个标准库函数的函数原型。因此，凡是在程序中调用一个库函数时，都必须包含该函数原型所在的头文件，示例代码如下所示：

```
#include<stdio.h>      /*stdio.h 头文件中包含标准输入输出库函数 */
```

说明 3——main() 函数

C 语言程序是由若干个函数组成，每个程序有且仅有一个 main() 函数（主函数），不论其在程序中的位置，C 语言程序总是从 main() 函数开始执行，当 main() 函数执行完毕时，即程序执行完毕。

main 后面的一对圆括号是必需的，其中可放置函数的参数列表，也可无参数。用 {} 括起来的部分，是主函数的函数体部分，示例代码如下所示：

```
void main()
{
…
}
```

说明 4——语句

C 语言中以“;”作为语句结束的标志。函数体就是由若干语句组成的，同时语句也出现在函数之间，示例代码如下所示：

C 语言各种语句；

仅仅由“;”组成的语句称之为空语句。

2 整型常量与整型变量

应用程序运行过程中需要处理数据，并需要部分空间临时存放数据，该技能点讲解 C 语言中整型、整型常量、整型变量的基本概念。

（1）整型

整型用于描述现实生活中的整数，例如 1，32，-55 等，基本类型符为 int。

（2）整型常量

整型常量就是整常数，程序中不改变的整数数据都可以看成是整型常量。在 C 语言中，十进制整型常量与日常数学中整数相同。另外还有八进制、十六进制。

- 十进制整常数：十进制整常数没有前缀，其数码为 0 ～ 9。例如：

```
123、-788、65535、1628// 是合法的十进制整常数；
023（不能有前导 0）、23D（含有非十进制数码）// 不是合法的十进制整常数：
```

- 八进制整常数：八进制整常数必须以 0 开头，即以 0 作为八进制数的前缀。数码取值为 0 ～ 7。例如：

```
025（十进制为 21）、0101（十进制为 65）// 是合法的八进制数；
255（无前缀 0）、03A2（包含了非八进制数码）// 不是合法的八进制数。
```

- 十六进制整常数：十六进制整常数的前缀为 0X 或 0x。其数码取值为 0~9，A~F 或 a~f。例如：

```
0X2B（十进制为 43）、0XA0（十进制为 160）、0XFFFF（十进制为 65535）// 是合法的十六进制整常数；
5A（无前缀 0X）、0X3H（含有非十六进制数码 H）// 不是合法的十六进制整常数。
```

长整型数是用后缀“L”或“l”来表示的。例如：

```
十进制长整常数：158L（十进制为 158）、358000L（十进制为 358000）；
八进制长整常数：012L（十进制为 10）、077L（十进制为 63）、0200000L（十进制为 65536）；
十六进制长整常数：0X15L（十进制为 21）、0XA5L（十进制为 165）。
```

长整数 158L 和基本整常数 158 在数值上并无区别。但对 158L，因为是长整型量，C 编译系统将为它分配的存储空间可能与基本整型不同。因此在运算和输出格式上要予以注意，避免出错。

无符号数也可用后缀表示，整型常数的无符号数的后缀为“U”或“u”。例如：

```
358u，0x38Au，235Lu 均为无符号数
```

前缀、后缀可同时使用以表示各种类型的数，如 0XA5Lu 表示十六进制无符号长整数 A5，其十进制为 165。

（3）整型变量的声明和初始化

一般情况下，变量用来保存程序运行过程中输入的数据、计算获得的中间结果以及程序的最终结果。一个变量在使用之前应该有一个名字，在内存中占据一定的存储单元，变量必须“先声明，后使用”。例如变量 r 声明的格式如下所示：

```
int r;
// 类型说明符  变量名;
```

格式说明

①类型说明符用来指定变量的数据类型，例如 int 等。

②变量名表是一个或多个变量的序列，如果要定义多个同类型变量，中间要用“,”分开，且最后一个变量名之后必须以“;”结束，分号是语句结束符。

③类型说明符与变量名表之间至少有一个空格。

各种整型变量声明格式如下所示：

```
int a,b;          /* 声明两个整型变量 a,b*/
// 是正确的
int a             /* 行末缺少结束符 */
intb,c;           /* 类型说明符与变量名之间没有空格 */
// 是不正确的
```

一般情况下，变量在声明之后，都要给定一个初值，即变量的初始化。C 语言中，变量的初始化一般有两种形式：

①直接初始化。此时的初始化放在变量声明部分，示例代码如下所示：

```
int a=1,b,c=3;
```

②间接初始化。这种形式是在先声明变量之后，通过赋值语句给定值，示例代码如下所示：

```
int a,b;
a=1;  b=2;
```

说明——变量的命名

变量名属于标识符，命名时，一定要符合标识符的命名规定，即只能由字母、数字和下划线三种字符组成，且第一个字符必须是字母或下划线。如下所示：

- a,sum,_avg,b8,a_1（合法变量名）
- 1a,s um,$_avg,b8’,a_1#（都是不合法变量名）

变量在命名的时候，还应该尽量做到“见名知意”，即选有含义英文单词或字母缩写作变量名，如 price、total、name 等。这样可以大大增加程序的可读性。

变量名不可以是系统保留字，即关键字。关键字是由 C 语言规定的具有特定意义的字符串。根据关键字的作用，可将其分为数据类型关键字、控制语句关键字、存储类型关键字和其他关键字四类。下面是 C 标准定义的 32 个关键字。

- 数据类型关键字（12 个）
- ➢ char：声明字符型变量或函数
- ➢ double：声明双精度变量或函数
- ➢ enum：声明枚举类型
- ➢ float：声明浮点型变量或函数
- ➢ int：声明整型变量或函数
- ➢ long：声明长整型变量或函数
- ➢ short：声明短整型变量或函数
- ➢ signed：声明有符号类型变量或函数
- ➢ struct：声明结构体变量或函数
- ➢ union：声明联合数据类型
- ➢ unsigned：声明无符号类型变量或函数
- ➢ void：声明函数无返回值或无参数，声明无类型指针（基本上就这三个作用）
- 控制语句关键字（12 个）
- ➢ for：一种循环语句
- ➢ do：循环语句的循环体
- ➢ while：循环语句的循环条件
- ➢ break：跳出当前循环
- ➢ continue：结束当前循环，开始下一轮循环
- ➢ if：条件语句
- ➢ else：条件语句否定分支（与 if 连用）
- ➢ goto：无条件跳转语句
- ➢ switch：用于开关语句
- ➢ case：开关语句分支
- ➢ default：开关语句中的“其他”分支
- ➢ return ：子程序返回语句（可以带参数，也看不带参数）
- 存储类型关键字（4 个）
- ➢ auto：声明自动变量，一般不使用
- ➢ extern：声明变量是在其他文件中声明（也可以看作是引用变量）
- ➢ register：声明寄存器变量
- ➢ static：声明静态变量
- 其他关键字（4 个）
- ➢ const：声明只读变量
- ➢ sizeof：计算数据类型长度
- ➢ typedef：用以给数据类型取别名

➢ volatile:说明变量在程序执行中可被隐含地改变

3　算术运算符和表达式

（1）算术运算符

C 语言中的算术运算符主要用于执行加、减、乘、除等算术运算。算术运算符分为单目运算符和双目运算符两类，如表 1.1 所示。

注意 1：两个整型数据相除结果也是整型数据，即整除。

注意 2：取余运算 %，仅能用于整型数据，即运算量仅能是整数或整型变量。

表 1.1　算术运算符及含义

类别	运算符	含义	举例
双目	+	加法	1+2=3；1.2+3.8=5.0
	−	减法	18−7=11；1.8−5.6=−3.8
	*	乘法	7*8=56；3.2*1.2=3.84
	/	除法	6/5=1；6.0/5.0=1.2
	%	求模或取余（只能用于整型）	12%6=0；10%4=2
单目	++	自加 1（只能用于变量）	如 int i=1;i++; 则 i 的值为 2
	--	自减 1（只能用于变量）	如 int i=2;i--; 则 i 的值为 1
	−	取负	−(−2)=2
	+	取正	+2=2

（2）表达式

表达式是用运算符、括号将操作数连接起来所构成的式子。C 语言的操作数包括常量、变量和函数值等。特殊的情况，一个单个变量或常量也可叫做表达式。示例代码如下所示：

```
5*(a+b)/2−sqrt(4.0)
```

以上就是一个表达式，它包括的运算符有“*”“+”“/”“−”，操作数包括变量 a、b，常量 5、2 和函数 sqrt(4.0)。

表达式按照运算规则计算得到的一个结果，称为表达式的值。只有表达式的构成具有一定的意义时，才能得到期望的结果。

在表达式中，如果运算符的操作对象只有一个，称为单目运算符，如取正运算符“+”、取负运算符“−”等。

如果运算符的操作对象有两个，称为双目运算符，如加法运算符“+”、减法运算符“−”、乘法运算符“*”等。C 语言中的运算符大多数是双目运算符。

4　数据输出

程序中的数据输入输出是指外界（例如用户等）与计算机之间的数据交换，从计算机把数据传给外界称之为输出。常用的数据输出是在显示器上显示信息,在C语言中,数据输入输出都是由库函数实现的。

(1)printf() 函数

printf() 是格式输出函数,是C语言中使用最频繁的输出函数。它是一个标准库函数,它的函数原型在头文件“stdio.h”中。printf 函数的调用格式如下:

```
printf(" 格式控制字符串 ",输出表列 )
```

格式说明

①该函数的功能是按照“格式控制字符串”指定的格式,输出“输出表列”中的内容。

②格式控制字符串用于指定输出格式。格式控制串可由格式字符串和非格式字符串两种组成。格式字符串是以 % 开头的字符串,在 % 后面跟有各种格式字符,以说明输出数据的类型、形式、长度、小数位数等,如“%d”表示按十进制整型输出。非格式字符串在输出时原样照印,在显示中起提示作用。

③输出表列中给出了各个输出项,要求格式字符串和各输出项在数量和类型上应该一一对应。

对于语句 printf(" 格式 1…格式 2…格式 n",参数 1,参数 2,……参数 n),可以理解为将参数 1 到参数 n 的数据按给定的格式 1 到格式 n 输出。

格式字符串是 printf() 函数的关键参数,用于描述数据输出的格式,由一些格式字符和非格式字符组成,其一般格式如下:

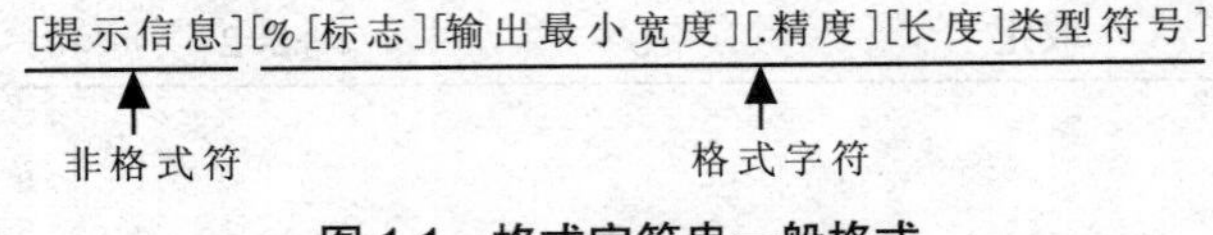

图 1.1　格式字符串一般格式

格式说明

- 其中方括号 [] 中的项为可选项,表示在某些情况下,可以不出现。
- 格式字符前要以“%”开头。

十进制整型数据的类型符号是 d;八进制无符号整型数据的类型符号是 o;十六进制无符号整型数据的类型符号是 x 或 X。部分格式字符项意义介绍如下:标志:标志字符为 –、+、空格、# 四种,其意义如表 1.2 所示。

表 1.2　标志及其意义

标志	意义
–	结果左对齐,右边填空格
+	输出符号 (正号或负号)
空格	输出值为正时冠以空格,为负时冠以负号
#	对 c、s、d、u 类无影响;对 o 类 , 在输出时加前缀 o;对 x 类 , 在输出时加前缀 0x;对 e、g、f 类当结果有小数时才给出小数点

- 输出最小宽度：用十进制整数来表示输出的最少位数。若实际位数多于定义的宽度，则按实际位数输出，若实际位数少于定义的宽度则补以空格或 0。
- 长度：长度格式符为 h、l 两种，h 表示按短整型量输出，l 表示按长整型量输出。

例如：

```
printf("%4d,%4d",x,y);
```

该语句表示以整数的形式输出 x、y 的值，每个值输出的最小宽度为 4。

如果 x=123,y=12345，则该语句的输出结果是：□123,12345

这里"□"表示空格，以下的例子相同，不再说明。

```
long  a=1234567;
printf("%ld",a);
```

该语句表示将变量 a 的值按长整型的格式输出。因为变量 a 的值超出了整数的范围，所以在输出时必须按照长整型格式输出。

例如，数字数据的格式输出。如示例代码 1-1 所示：

示例代码 1-1

```
#include <stdio.h>
void main()
{
int a=15;
 printf("a=%d,%5d,%o,%x\n",a,a,a,a);
}
```

运行结果：

```
a=15,   15,17,f
```

图 1.2　示例代码 1-1 的运行结果

程序说明：

在示例代码 1-1 中，输出语句以四种格式输出整型变量 a 的值，其中"%5d "要求输出宽度为 5，而 a 值为 15 只有两位故前补三个空格。"17"是变量 a 数值的八进制表示，而"f"是 15 的十六进制表示。

（2）调用库函数

C 语言的函数库是由系统建立的具有一定功能的函数的集合，库中存放函数的名称和对应的目标代码，以及连接过程中所需的重定位信息。库函数是指存放在函数库中的函数，库函数具有明确的功能、入口调用参数和返回值。

在调用某一库函数时，都要在程序开头用预处理命令 include，将该函数对应的头文件包含进来。调用库函数的步骤如下所示：

第一步：在编写代码处输入“#include”，如图 1.3 所示：

图 1.3　调用库函数 -1

第二步：在 #include 后输入尖括号，如图 1.4 所示：

图 1.4　调用库函数 -2

第三步：在尖括号中输入函数库名称，如图 1.5 所示：

图 1.5　调用库函数 -3

也可以将尖括号替换为双引号，如图 1.6 所示：

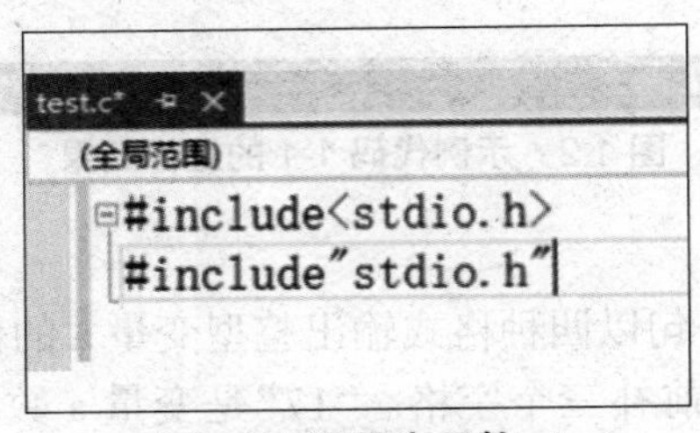

图 1.6　调用库函数 -4

5　在 Visual Studio 2017 中运行 C 程序

（1）Visual Studio 2017 安装

VS 2017 下载完成后，会得到一个用于引导用户安装的可执行文件，双击该文件，在 .Net Framework 版本没有问题的前提下，会进入图 1.7 所示安装页面。

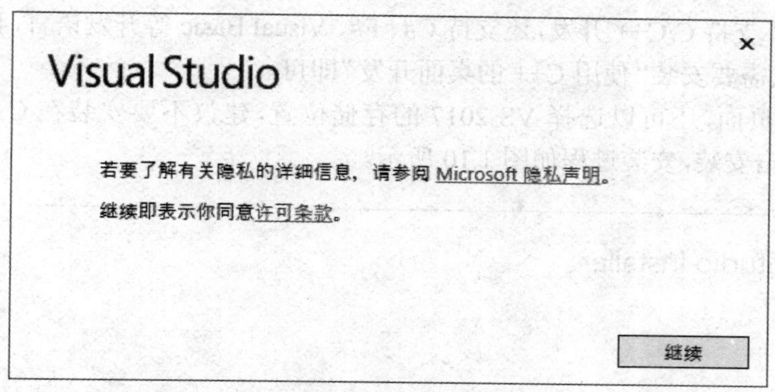

图 1.7　VS 2017 安装 -1

直接点击“继续”按钮，此时会弹出如图 1.8 所示进度条。

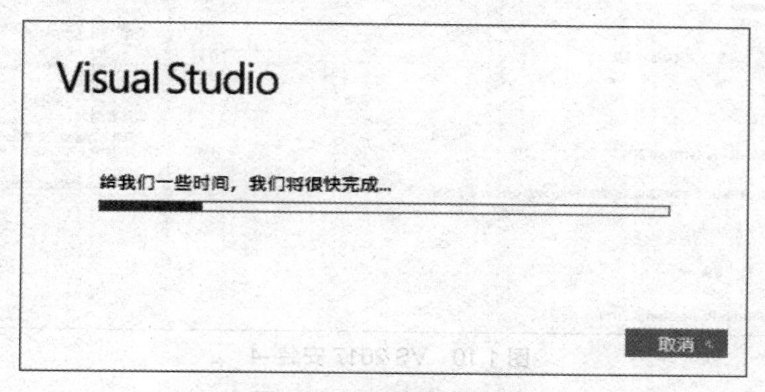

图 1.8　VS 2017 安装 -2

等 Visual Studio 准备完成后，会直接跳到如图 1.9 所示页面。

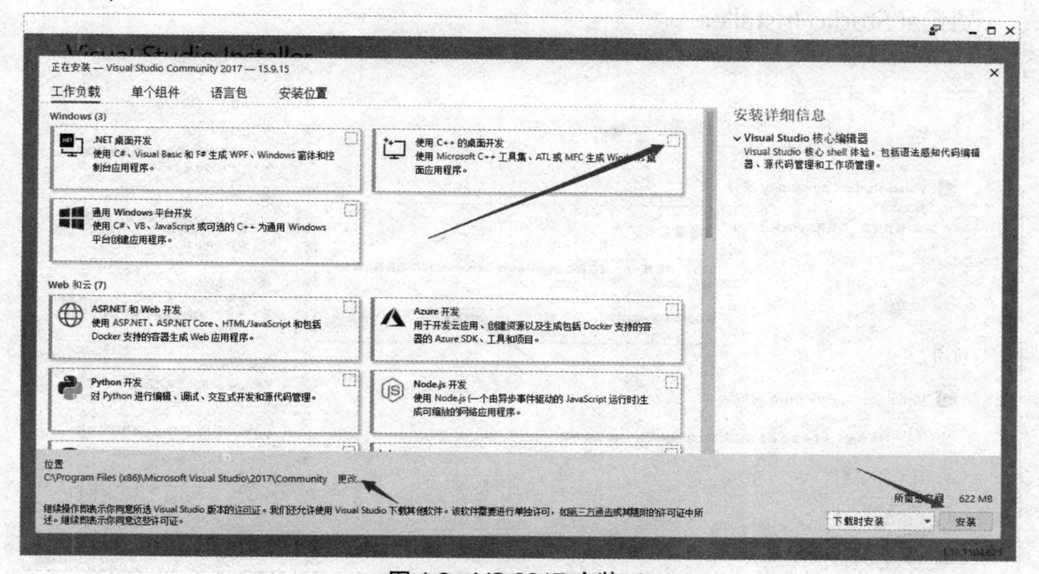

图 1.9　VS 2017 安装 -3

VS 2017 除了支持 C/C++ 开发，还支持 C#、F#、Visual Basic 等开发语言，我们没有必要安装所有的组件，只需要安装“使用 C++ 的桌面开发”即可。

同时在这个页面，还可以选择 VS 2017 的存储位置，建议不要安装在 C 盘，可选择其他盘。然后直接点击安装，安装过程如图 1.10 所示。

图 1.10　VS 2017 安装 -4

安装完成后，VS 2017 会出现如图 1.11 所示页面，要求重启计算机，按要求重启即可。

图 1.11　VS 2017 安装 -5

重启完成后，打开“开始菜单”，会出现一个名为“Visual Studio 2017”的图标，如图 1.12 所示，证明安装成功，双击即可启动。

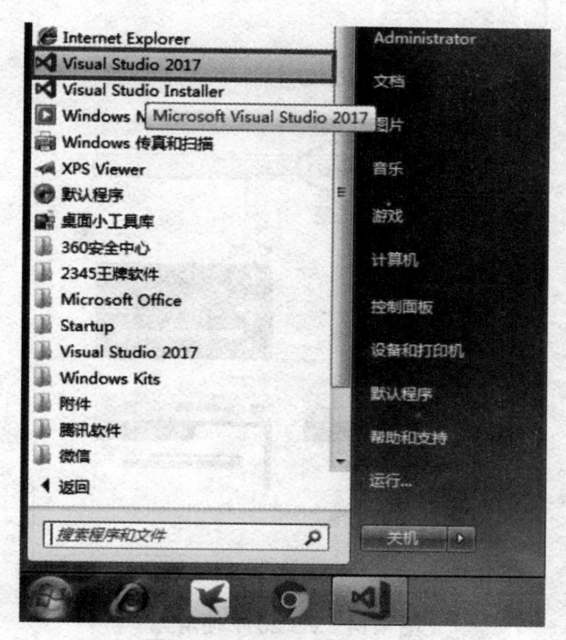

图 1.12　VS 2017 使用 -1

（2）Visual Studio 2017 使用

安装成功后，首次使用 VS 2017 还需要对其进行简单的配置，包括开发环境和软件本身的主题风格。双击启动 Visual Studio 2017，启动界面如图 1.13 所示。

图 1.13　VS 2017 使用 -2

点击“以后再说”，选择配置开发环境，如图 1.14 所示。

图 1.14 VS 2017 使用 -3

我们使用 VS 2017，主要进行的是 C/C++ 程序开发，所以选择“Visual C++”这个选项，至于颜色主题，可进行随意选择，4 选 1 即可，然后点击“启动 Visual Studio”按钮。最后，等待几分钟的准备过程，VS 2017 即可成功启动。

打开 VS 2017，在菜单栏中依次选择“文件 --> 新建 --> 项目”，操作如图 1.15 所示。

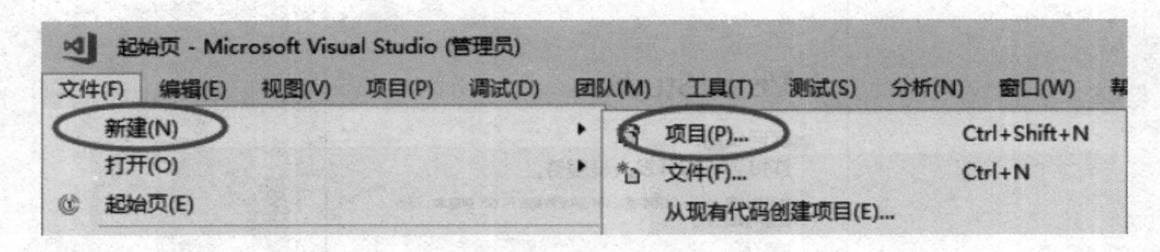

图 1.15 VS 2017 使用 -4

或直接按下“Ctrl+Shift+N”组合键，都会弹出如图 1.16 所示对话框：

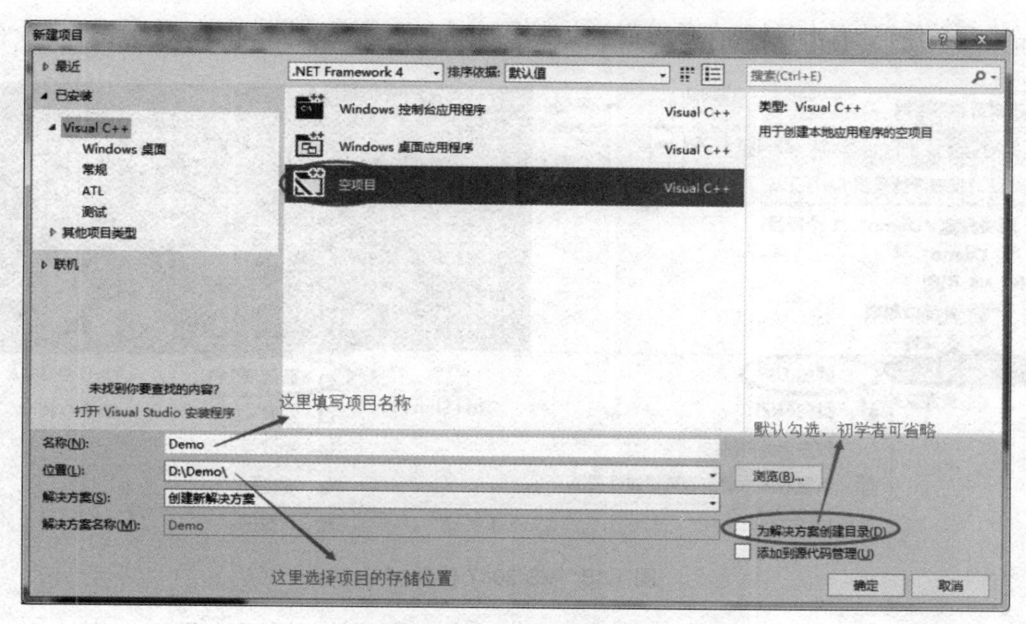

图 1.16　VS 2017 使用 -5

选择“空项目”，填写项目名称，选择存储路径，对于初学者来说，可取消勾选“为解决方案创建目录”，点击“确定”按钮即可。

注意：这里一定要选择“空项目”而不是“Windows 控制台应用程序”，因为后者会导致项目中自带有很多莫名其妙的文件，不利于初学者对项目的理解。另外，项目名称和存储路径中最好不要包含中文。

点击“确定”按钮后，会直接进入项目可操作界面，将在如图 1.17 所示界面完成所有的编程工作。

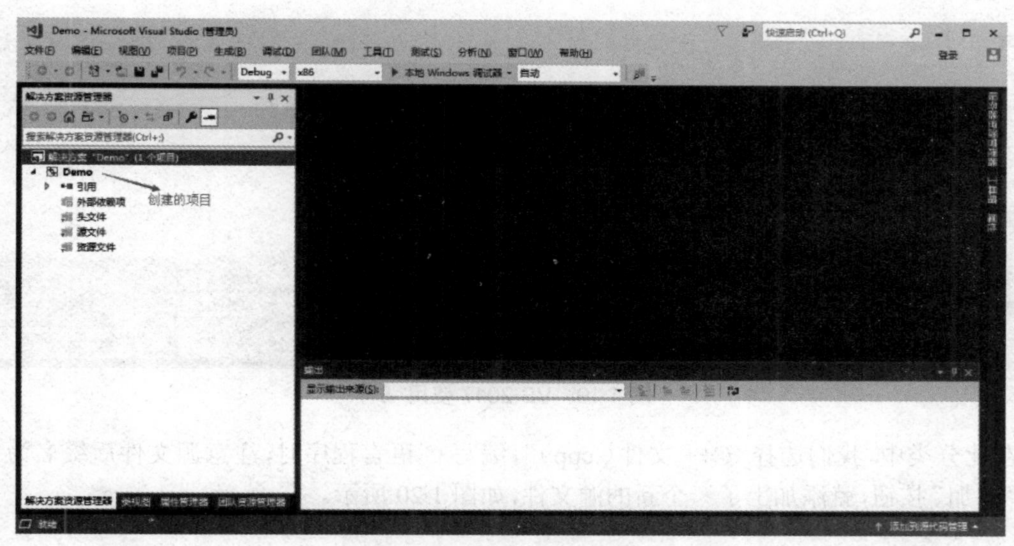

图 1.17　VS 2017 使用 -6

在“源文件”处右击鼠标,在弹出菜单中选择“添加 --> 新建项”,如图 1.18 所示。

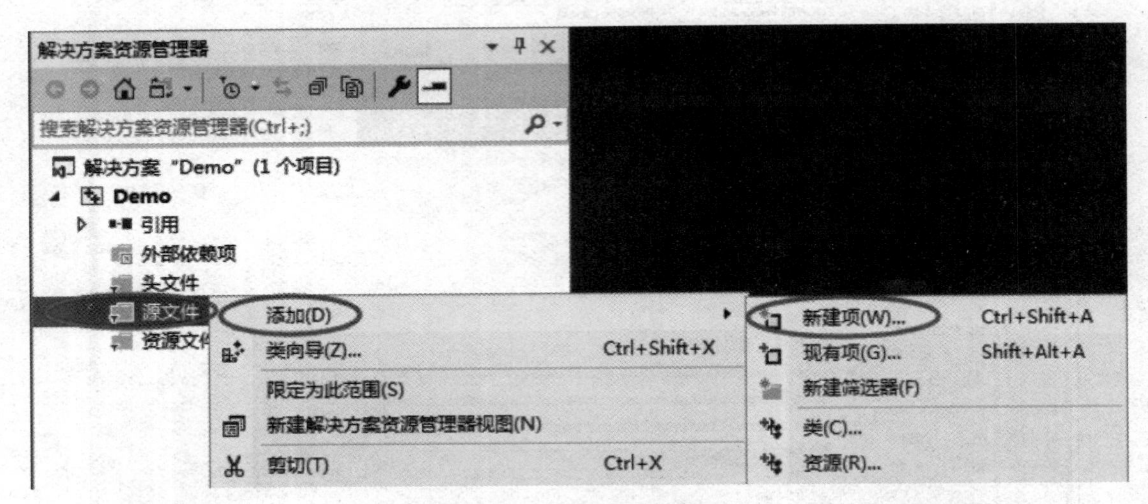

图 1.18　VS 2017 使用 -7

或者直接按下 Ctrl+shift+A 组合键,都会弹出添加源文件的对话框,如图 1.19 所示:

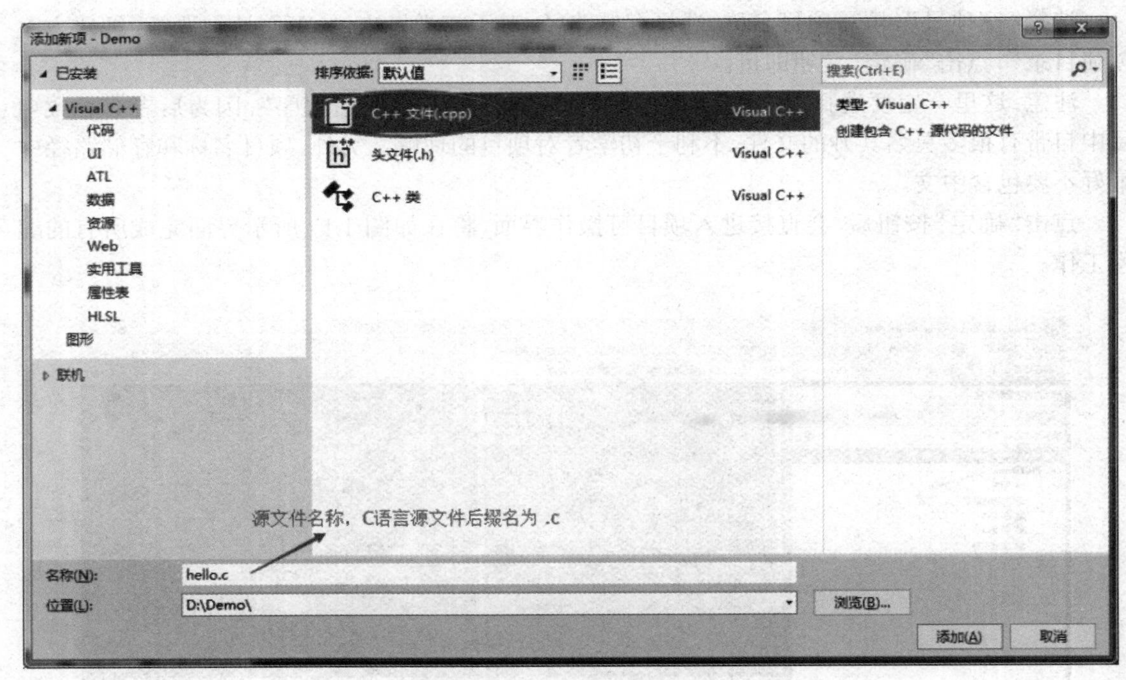

图 1.19　VS 2017 使用 -8

在此分类中,我们选择“C++ 文件(.cpp)”,编写 C 语言程序时,注意源文件后缀名为 .c ,点击“添加”按钮,就添加上了一个新的源文件,如图 1.20 所示。

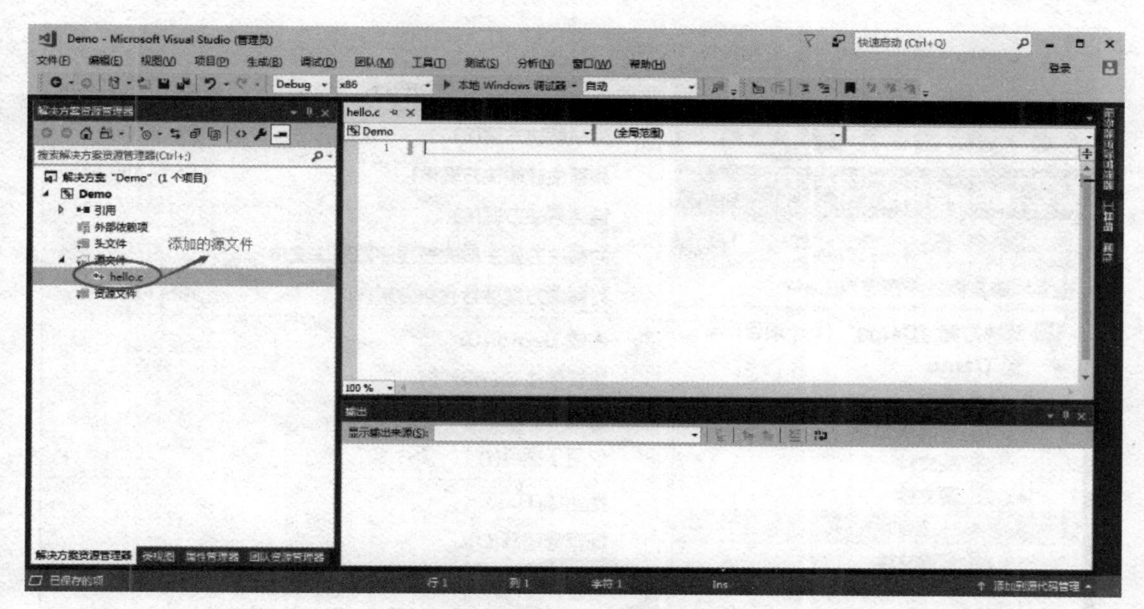

图 1.20　VS 2017 使用 -9

注意：C++ 是在 C 语言的基础上进行的扩展，所有在本质上，C++ 已经包含了 C 语言的所有内容，所以大部分 IDE 会默认创建后缀名为 .cpp 的 C++ 源文件。为了大家养成良好的规范，写 C 语言代码，就创建后缀名为 .c 的源文件。

打开 hello.c，将本节开头的代码输入到该源文件中，如图 1.21 所示。

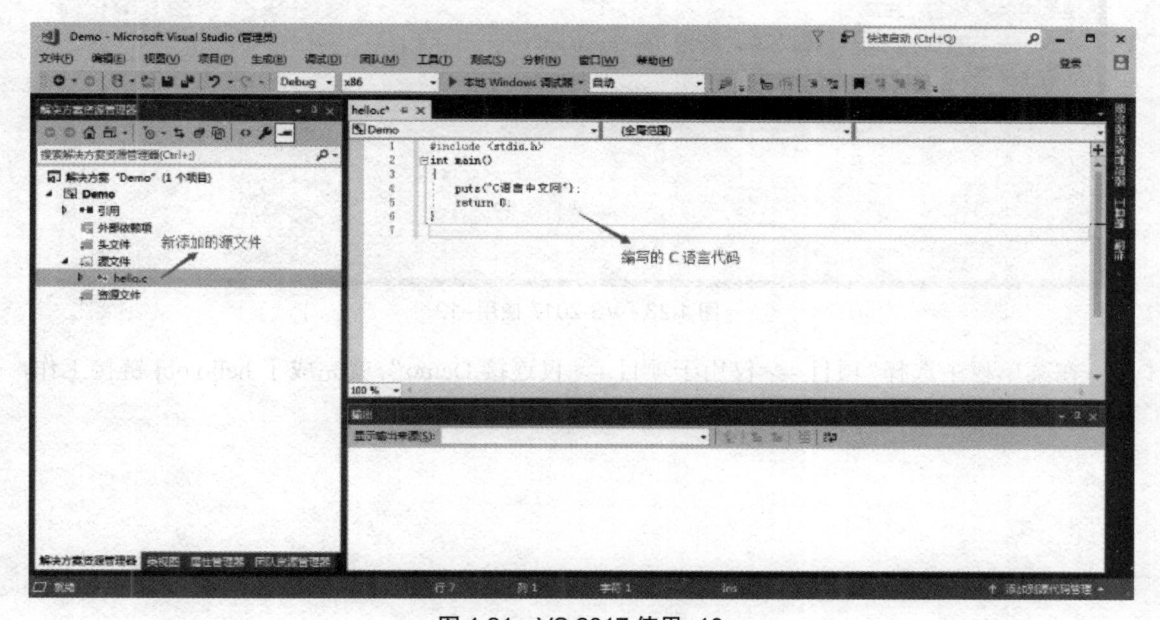

图 1.21　VS 2017 使用 -10

在上方菜单栏中选择“生成 --> 编译”，就完成了 hello.c 源文件的编译工作，如图 1.22 所示。

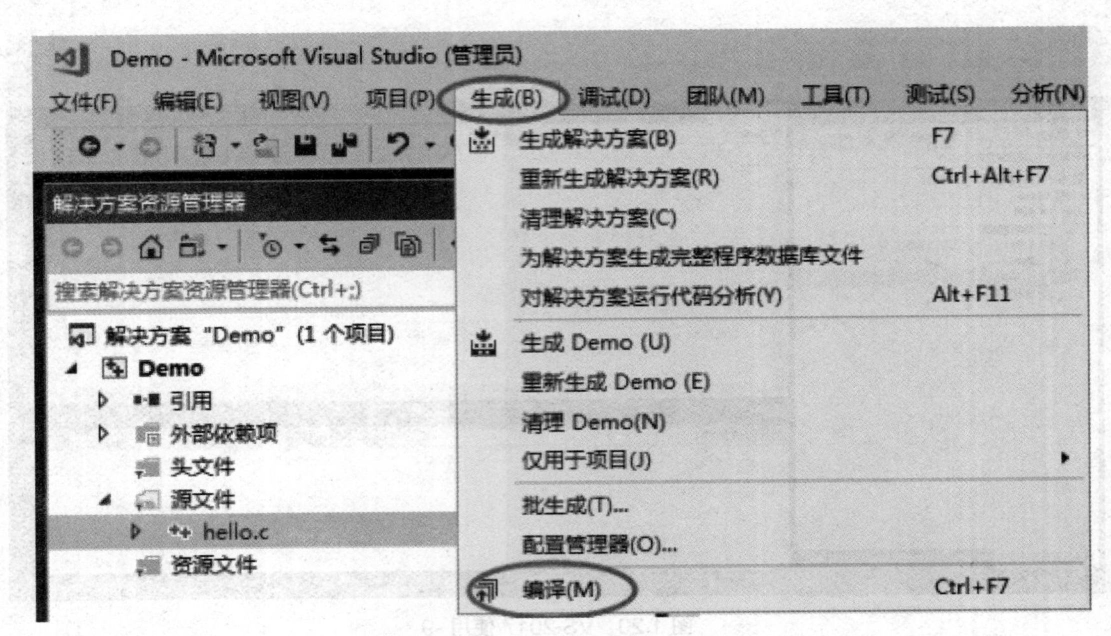

图 1.22 VS 2017 使用 -11

如果代码没有任何错误，会在下方的“输出窗口”中看到编译成功的提示，如图 1.23 所示。

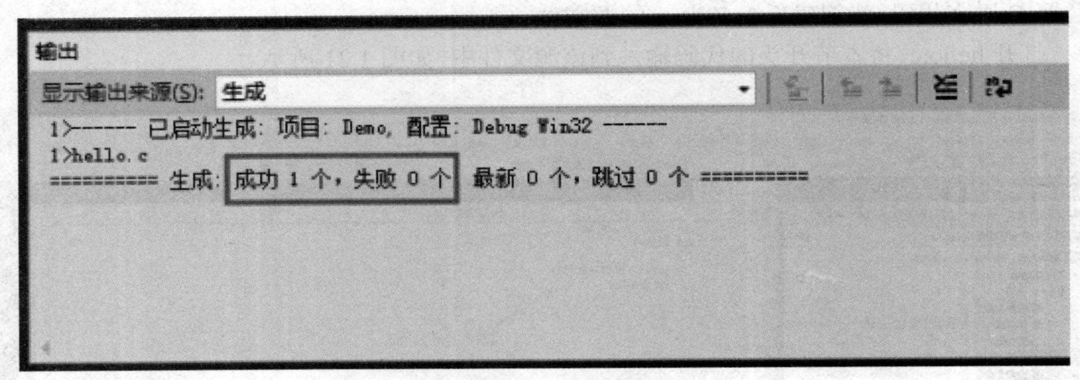

图 1.23 VS 2017 使用 -12

在菜单栏中选择“项目 --> 仅用于项目 --> 仅连接 Demo”，就完成了 hello.obj 链接工作，如图 1.24 所示。

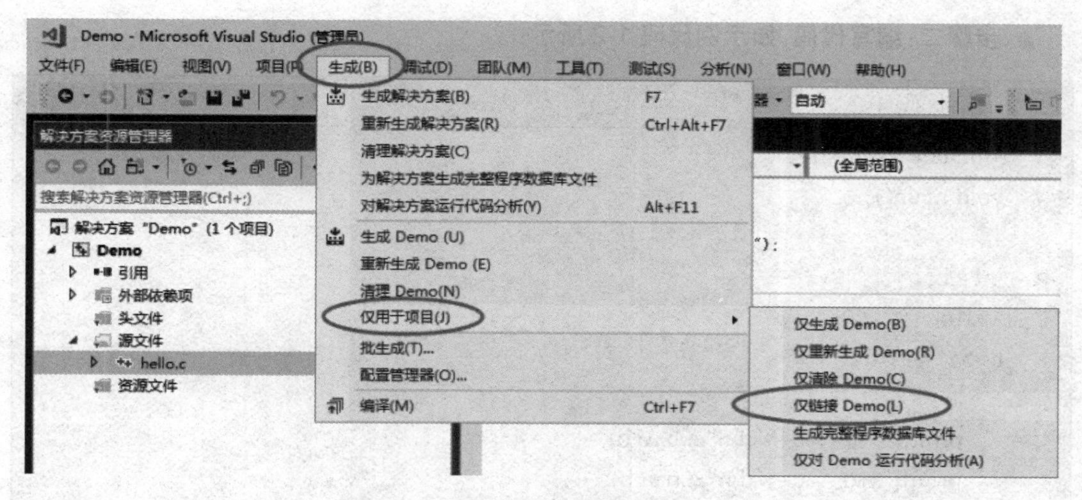

图 1.24　VS 2017 使用 -13

如果代码没有错误，会在下方的“输入窗口”中看到链接成功的提示，如图 1.25 所示。

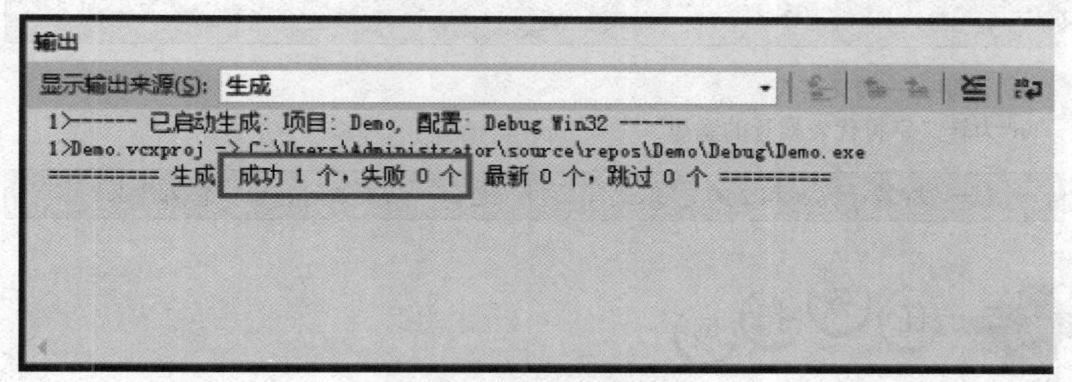

图 1.25　VS 2017 使用 -14

本任务：计算指定两个非零整数（10 和 5）之和、之差、之积、之商。

运行结果

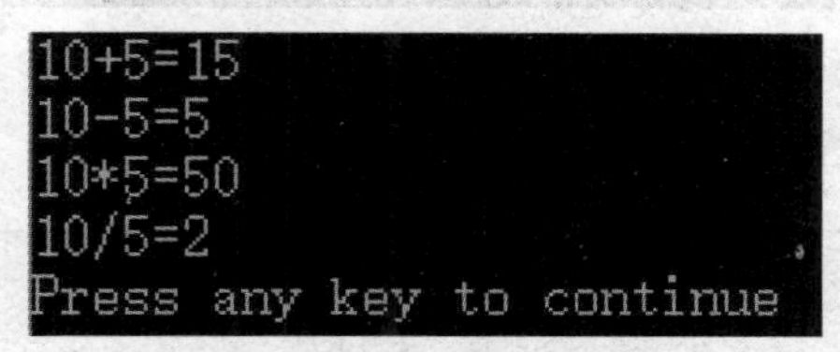

图 1.26　运行结果

步骤一：程序分析

（1）本程序需要声明 2 个整型变量。

（2）使用 printf() 分别输出运算式及计算结果。

步骤二:编写代码,如示例代码 1-2 所示:

示例代码 1-2

```
#include <stdio.h>
void main()
{
int a,b;
a=10;
b=5;

    printf("%d+%d=%d\n",a,b,a+b);
    printf("%d-%d=%d\n",a,b,a-b);
    printf("%d*%d=%d\n",a,b,a*b);
    printf("%d/%d=%d\n",a,b,a/b);

}
```

说明——转义字符

'\n' 为转义字符代表换行的意思。

试一试:若计算 5 和 2 的之和、之差、之积、之商。结果如何?想一想为什么?

拓展任务名称:指定长方形的长和宽,求长方形的面积。

运行结果

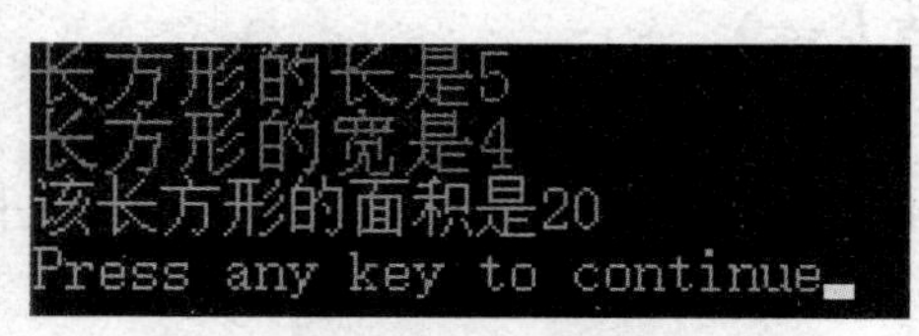

图 1.27　运行结果

编写代码,如示例代码 1-3 所示:

示例代码 1-3

```
#include <stdio.h>
void main()          //main 函数头
{
int c=5;
```

```
int k=4;
int area;
c=5;
printf(" 长方形的长是 %\n", c);
k=4;
printf(" 长方形的宽是 %d\n", k);
area= c * k; // 计算面积并赋值给变量 area
printf(" 该长方形的面积是 %d\n",area);
}
```

任务二　随机输入的两个非零整数的基本运算

如前面所叙述，程序中的数据输入输出是指外界(例如用户等)与计算机之间的数据交换，从外界把数据传入计算机称之为输入，在 C 语言中，数据输入输出都是由库函数实现的。

1　scanf() 函数

scanf() 函数是一个标准库函数，它的函数原型在头文件“stdio.h”中。scanf() 函数的一般格式如下所示：

```
scanf(" 格式控制字符串 ",地址表列 );
```

格式说明：

①该函数的功能是按用户指定的格式从键盘上把数据输入到指定的变量之中。

②格式控制字符串的作用与 printf() 函数相同，但不能显示非格式字符串，也就是不能显示提示字符串。

③地址表列中给出各变量的地址。地址是由地址运算符“&”后跟变量名组成的。

④在使用 scanf() 函数输入数据时，遇到下面的情况时该数据认为结束：遇空格或按“回车”键或“跳格”(Tab)键；按指定的宽度结束，如“%3d”，只取 3 列；遇到非法输入例如 &a、&b，分别表示变量 a 和变量 b 的地址。这个地址就是编译系统在内存中给 a,b 变量分配的地址。在 C 语言中，使用了地址这个概念，这是与其他语言不同的。应该把变量的值和变量的地址这两个不同的概念区别开来。变量的地址是 C 编译系统分配的，用户不必关心具体的地址是多少。

本任务：由键盘输入 2 个非零整数，计算这 2 个整数之和、之差、之积、之商。运行结果

```
请输入2个整数: 12 15
12+15=27
12-15=-3
12*15=180
12/15=0
Press any key to continue
```

图 1.28 运行结果

步骤一：程序分析

（1）本程序需要声明 2 个整型变量。
（2）由键盘输入 2 个整型变量的值。
（3）使用 printf() 分别输出运算式及计算结果。

步骤二：编写代码，如示例代码 1-4 所示：

示例代码 1-4

```
#include <stdio.h>
void main()
{
   int a,b;
   printf(" 请输入 2 个整数:");
   scanf("%d%d",&a,&b);
   printf("%d+%d=%d\n",a,b,a+b);
   printf("%d-%d=%d\n",a,b,a-b);
   printf("%d*%d=%d\n",a,b,a*b);
   printf("%d/%d=%d\n",a,b,a/b);
}
```

拓展任务名称：使用键盘输入长方形的长和宽，计算并输出长方形的面积。

运行结果

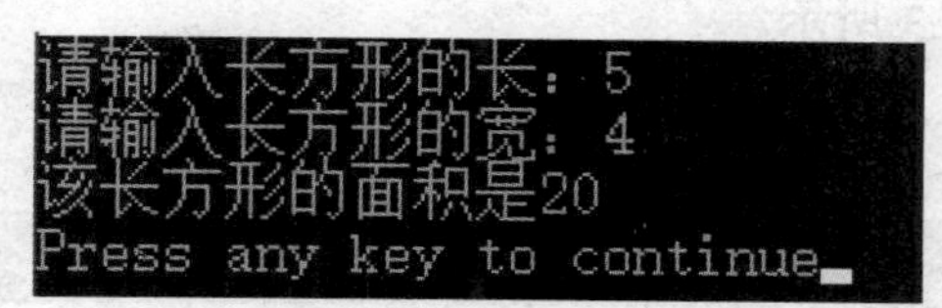

图 1.29　运行结果

编写代码，如示例代码 1-5 所示：

示例代码 1-5

```
#include <stdio.h>
void main()        //main 函数头
{
  int c;
  int k;
  int area;
  printf(" 请输入长方形的长：");
  scanf("%d",&c); // 将用户输入的值存入变量 c 中
  printf(" 请输入长方形的宽：");
  scanf("%d",&k); // 将用户输入的值存入变量 k 中
  area= c*k; // 计算面积并赋值给变量 area
  printf(" 该长方形的面积是 %d\n",area);
}
```

任务三　随机输入的整数的基本运算

运算符是表示实现某种运算的符号。C 语言中运算符和表达式数量之多，在各类高级语言中是少见的。

1　关系运算符

（1）关系运算符

关系运算符主要实现数据的比较运算，用于比较运算。包括大于 (>)、小于 (<)、大于等于 (>=)、小于等于 (<=)、等于 (==) 和不等于 (!=) 六种。由关系运算符将两个表达式连接起来的式

子,就叫关系表达式。关系表达式的值是一个逻辑值,即“真”或“假”,分别用 1 和 0 表示。C 语言中的关系运算符如表 1.3 所示。

表 1.3　关系运算符及含义

内容	含义	举例
>	大于	3>2 的值为 1
>=	大于等于	2>=3 的值为 0
<	小于	2<3 的值为 1
<=	小于等于	3<=3 的值为 1
==	等于	2==1 的值为 0
!=	不等于	2!=1 的值为 1

合法的关系表达式如下所示：

```
a+b>c-d、x>3/2、'a'+1<c、-i-5*j==k+1
```

由于表达式也可以又是关系表达式。因此也允许出现嵌套的情况。如下所示:

```
a>(b>c)、a!=(c==d)
```

(2)关系运算符的优先级

关系运算符都是双目运算符,其结合性均为左结合。关系运算符的优先级低于算术运算符,高于赋值运算符。 在六个关系运算符中 <、<=、>、>= 的优先级相同,高于 == 和 !=,而 == 和 != 的优先级相同。

2　流程图

流程图是一种常用的算法图形表示方法。流程图是用具有特定涵义的图形符号(例如矩形、菱形和平行四边形等)通过“流程线(Flowline)”连接而成的。它可以清晰地反映程序的执行过程。流程图的常用图形符号,如表 1.4 所示。

表 1.4　流程图常用图形符号

名称	图形符号	说明
开始 / 结束(Start/End)	(圆角矩形)	圆角矩形用来指示一个程序模块的开始或结束。表示程序模块开始的圆角矩形中标注 Start;表示顶层模块结束的圆角矩形标注 End;表示其他模块结束的圆角矩形标注 Exit。标注 Start 的圆角矩形,只有一条流出流程线,而没有任何流入流程线;标注 End 或 Exit 的圆角矩形,只有一条流入流程线,而没有任何流出流程线。
处理(Processing)	(矩形)	矩形用来指示一个具体处理,例如:赋值、计算等。一个处理框只有一个入口和一个出口。

续表

名称	图形符号	说明
输入 / 输出（Input/Output）		平行四边形用来指示输入或输出操作。一个输入 / 输出框只有一个入口和一个出口。
判断（Decision）		菱形用来指示对某个条件的判断。判断框有只有一个入口，有且只有两个出口，一个表示条件为真时的程序流向，另一个表示条件为假时的程序流向。
流程线（Flowline）		用来指示数据流向的箭头线，表示数据从一个方框流入另一个方框。
连接符（Connector）		圆形用来指示连接同一程序的各个部分。在圆形内部写入数字或字母，数字或字母相同的两两相连。连接符只有一个入口或一个出口。

3　控制结构

所有的程序无论长短，都只采用 3 种基本程序控制结构，即顺序结构、选择结构和循环结构。这 3 种结构都具有如下特点：

- 只有一个入口；
- 只有一个出口；
- 每一条语句都应当有一条从入口到出口的路径通过，即每条语句都有机会被执行；
- 没有死循环。

（1）顺序结构

顾名思义，顺序结构就是按照程序中语句本身的先后次序，依次执行。如图 1.30 所示，先执行 A 操作，再执行 B 操作，两者就是顺序执行的关系。

（2）选择结构

人们每天都会多次遇到选择的问题，比如，早上发现正在下雨，那么你会带上雨伞或穿上雨衣再出门，若没有下雨则不会考虑雨具问题，而直接出门。那么，“是否下雨？”就是一个条件，要根据对其的判断结果来决定不同的操作。再来看一个复杂一点的例子，如今大家用自动取款机的较多，当插卡、密码验证结束后，将面临第一级菜单——选择用户类型；选择相应的储户类型后，进入第二级菜单——选择操作类型，例如选择“取款”；此时，出现第三级菜单——选择取款的金额……，我们必须进行一次次的选择，自动取款机才可能完成我们所需的操作。也就是说，自动取款机给出的菜单就是选择的条件，我们的输入就是选择的结果，选择不同操作就不同。

在编写程序的时候，许多事情也是事先不固定的，例如，编写程序求任意值的绝对值函数，当自变量的值大于等于 0 时，其值就是其本身；当自变量的值小于 0 时，其值就是其相反数。自变量的值到底是多少，在编写程序的时候是不知道的，所以在程序中必须有判断环节来确定执行不同操作。这种判断环节就是选择结构。

选择结构是先判断指定的条件，再决定执行哪个语句，如图 1.31 所示，当条件成立，即为真时，执行 A；否则，执行 B。注意，只能执行 A 或 B 之一。

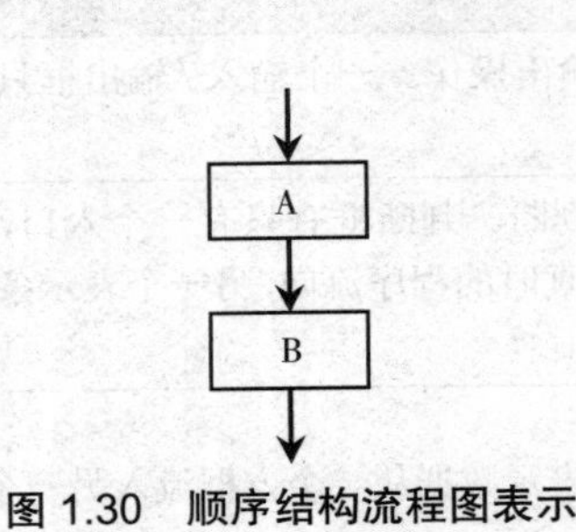

图 1.30 顺序结构流程图表示

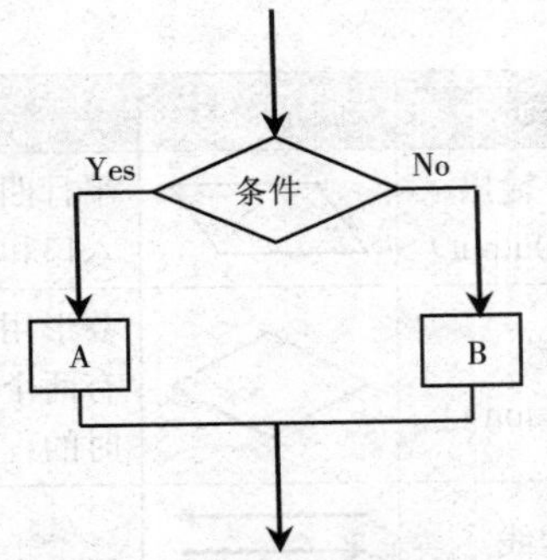

图 1.31 选择结构流程图表示

（3）循环结构

计算机与人相比有计算速度快、存储容量大、精度高等优势，其中还有非常重要的一条是计算机"不知疲倦"，可以长期地、重复性地进行计算工作，这是人所望尘莫及的。那么如何用有限的几条语句就让计算机重复几十次、几百次，甚至数亿次计算呢？循环结构提供了这种可能，循环结构既可以把一件相同的事情简单地重复若干次，也可以对不同的对象重复若干次相同的操作。例如，老师留假期作业时，可以是让学生把某个既定的字每天写 1 行，也可以让学生在第 n 天把某本书中第 n 个字写 1 行，这两种作业都是循环，仅是前一种循环的处理对象每天都是相同的，而后一种循环的处理对象随着迭代的进行而不同（在实际应用中，后一种更加灵活、用途更广）。再有需要说明的是，循环必须有结束条件，否则形成"无限循环"——死循环，是重要的程序错误之一。

循环结构分为当型循环结构和直到型循环结构两类。

当型循环结构是指先判断循环条件，当循环条件成立，即为逻辑真时，反复执行循环体；当循环条件不成立，即为逻辑假时，停止循环，执行循环体后面的语句，如图 1.32 所示。

直到型循环结构是指先执行循环体，再判断循环条件是否成立，若成立，则反复执行循环体；若不成立，则退出循环，执行循环体后面语句，如图 1.33 所示。

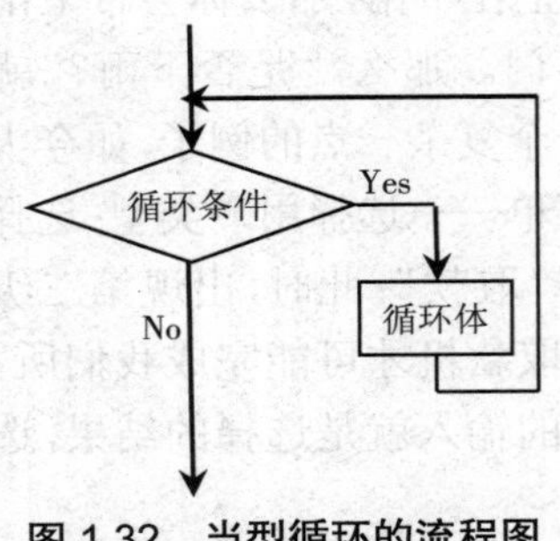

图 1.32 当型循环的流程图

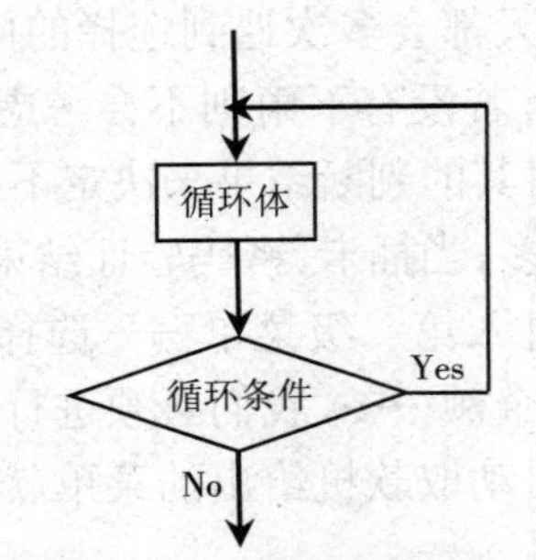

图 1.33 直到型循环的流程图

4 单一 if 结构

选择结构中最基本的分支结构是 if 语句，按形式分 if 语句可以分为单分支、双分支和多分支等，单一 if 语句定义形式如下所示：

```
if(表达式)
语句；
```

当上述中“表达式”值为“逻辑真”时，执行“语句”中内容。例如计算整型变量 x 的绝对值，示例代码如下所示：

```
int x;
if (x<0)
x= -x;
```

程序说明：if 后面的 () 不能缺省。

5　if-else 结构

if 语句的第二种形式为 if-else 结构的双分支。其定义形式如下所示：

```
if(表达式)
语句 1;
else
语句 2;
```

语句功能

当“表达式”值为“逻辑真”时，执行“语句 1”；当“表达式”值为“逻辑假”时，执行“语句 2”。例如，判断整型变量 x 是 5，则输出“right”，否则输出“error”，示例代码如下所示：

```
int x;
if (x==5)
printf("right\n");
else
printf("error\n");
```

6　条件运算

条件运算符是 C 语言中唯一的三目运算符，要求有三个运算对象。由条件运算符组成的表达式称为条件表达式，其格式如下：

```
表达式 1? 表达式 2: 表达式 3
```

格式说明：

①条件表达式的求值规则为：如果表达式 1 的值为真，则以表达式 2 的值作为条件表达式的值，否则以表达式 3 的值作为整个条件表达式的值。

②条件运算符的运算优先级低于关系运算符和算术运算符，但高于赋值符。因此条件表

达式通常用于赋值语句之中，例如：

```
y=x>10?100:200
// 执行该语句的功能是：如 x>10 为真，则把 100 赋予 y，否则把 200 赋予 y。
```

③条件运算符 ? 和：是一对运算符，不能分开单独使用。

④条件运算符的结合方向是自右至左，例如：

```
a>b?a:c>d?c:d，应理解为 a>b?a:(c>d?c:d)
```

这也就是条件表达式嵌套的情形，即其中的表达式 3 又是一个条件表达式。

例如：编写程序，求三个数中的最大值和最小值。

问题分析：

- 功能分析：根据功能描述，求出三个有固定值的变量中的最大值和最小值。
- 数据分析：本程序需要三个存储值的变量，还需要定义两个变量用于存储最大值和最小值。
- 设计思想：定义变量，三个变量为 a,b,c，最大值变量 max，最小值变量 min；求最大值，可考虑先用条件表达式：max=(a>b)?a:b，求出 a,b 中的较大数，然后再用条件表达式：max=(max>c)?max:c，求出较大数与 c 的较大数，得到的结果就是最大数值。求最小值时，可以仿照求最大值的方法。如示例代码 1-6 所示：

示例代码 1-6

```
#include <stdio.h>
void main()
{
 int a=8,b=11,c=99, max,min;
 max=a>b?a:b;        /* 求较大数 */
 max=max>c?max:c;    /* 求最大数 */
 min=a<b?a:b;        /* 求较小数 */
 min=min<c?min:c;    /* 求最小数 */
 printf("a=%d,b=%d,c=%d\n",a,b,c);  /* 输出 a,b,c 的值 */
 printf("max=%d,min=%d\n",max,min); /* 输出最大值和最小值 */
  }
```

运行结果：

```
a=8,b=11,c=99
max=99,min=8
Press any key to continue
```

图 1.34　运行结果

本任务：由键盘输入 2 个任意整数（考虑零不可以做除数），计算这 2 个整数之和、之差、之积、之商。

运行结果：

图 1.35　运行结果

步骤一：程序分析

（1）本程序需要声明 2 个整型变量。
（2）由键盘输入 2 个整型变量的值。
（3）加法、减法和乘法运算与前面任务处理方法相同。
（4）执行除法运算之前，应先判断除数是否为“0”。

步骤二：编写代码，如示例代码 1-7 所示：

示例代码 1-7

```
#include <stdio.h>
void main()
{
   int a,b;
   printf(" 请输入 2 个整数：");
   scanf("%d%d",&a,&b);
   printf("%d+%d=%d\n",a,b,a+b);
   printf("%d-%d=%d\n",a,b,a-b);
   printf("%d*%d=%d\n",a,b,a*b);
   if(b==0)
      printf(" 零不能作除数 \n");
   else
      printf("%d/%d=%d\n",a,b,a/b);
}
```

拓展任务名称：比较 x、y 的大小，如果 x 大则在屏幕中输出“x>y”，否则输出“x<=y”。

运行结果

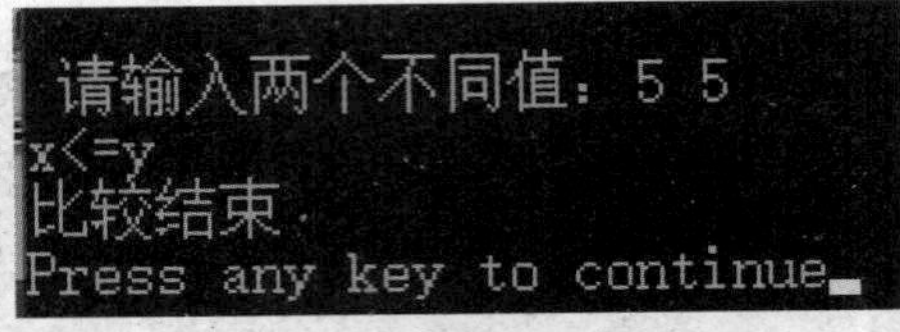

图 1.36 运行结果

程序分析

此处需要输出的不是 x 和 y 中的结果，而是输出两句描述性语句“x>y”，或者“x<=y”。在本任务中，采用 if-else 语句来判别 x 是否大于 y, 若条件成立，则输出 x>y，否则输出 x<=y。判断结束后输出提示语句。

编写代码，如示例代码 1-8 所示：

示例代码 1-8

```
#include<stdio.h>
void main()
{
   int x,y,temp;
   printf("\n 请输入两个不同值：");
   scanf("%d%d",&x,&y);
   if(x>y)// 比较 x，y 的值，根据不同的结果进行相应的输出
   {
      printf("x>y\n");
   }
   else
   {
      printf("x<=y\n");
   }
   printf(" 比较结束 \n");
}
```

任务四　随机输入一个由两个整数组成的四则运算式

1　字符型变量及其输入输出

（1）字符型变量

字符型的类型名为 char，声明字符型变量 ch，语句如下：

```
char ch;
```

（2）用 scanf() 给字符型变量赋值

字符型的输入类型格式符号为“c”。例如，从键盘读取字符型变量 ch 的值，语句如下：

```
scanf("%c",&ch);
```

（3）字符输入函数 getchar()

getchar() 为无参函数，其功能就是由键盘获取一个字符型值，它的函数原型在头文件“stdio.h”中。具体格式如下：

```
getchar();
```

格式说明：

①函数只能接收一个字符，其返回值就是输入的字符；

②该函数得到的字符可以赋给一个字符变量或整型变量，也可以不赋给任何变量，作为表达式的一部分，示例代码如下所示：

```
char ch;
ch=getchar();
```

（4）字符输出函数 putchar()

putchar() 函数是字符输出函数，其功能是在标准输出设备（显示器）上输出单个字符，使用时一般形式为：

```
putchar( 字符常量或变量 );
```

举例：

```
putchar('A');          // 输出大写字母 A
putchar(c);            // 输出字符型变量 c 的值
putchar('\101');       // 也是输出字符 A，'\101' 为转义字符
putchar('\n');         // 输出一个换行符
```

（5）用 printf() 输出字符型变量的值

用 printf() 在显示器上显示字符型变量 ch 的值，语句为：

```
printf("%c",ch);
```

2 if 语句嵌套

在程序设计中经常遇到“if 语句嵌套”“switch 语句嵌套”“循环嵌套”等，“嵌套”在此的涵义是一个语句里面又包含另外一个完整的语句。就像平常生活中有大盆中放小盆的现象，但应注意，一个大盆中可能放了一个中盆，而中盆中又放了一个小盆；也可能在大盆中并排放了两个小盆。不可能出现的是小盆一部分在大盆里，另一部分在大盆外，也就是说，一旦这种结构性“嵌套”就一定要包含另外一个完整的语句。if 语句的嵌套是指在 if 语句中又包含一个或多个 if 语句。

例如，有一函数 $y=\begin{cases}-1 & (x<0)\\ 0 & (x=0)\\ 1 & (x>0)\end{cases}$，编写程序，其功能是对已知 x 求 y，如示例代码 1-9 所示：

示例代码 1-9

```
#include <stdio.h>
void main()
{
 int x,y;
 printf("Please input integer n:");
 scanf("%d",&x);
 if(x<0)
   y=-1;
 else if(x==0)
         y=0;
      else
         y=1;
 printf("the result is %d.\n",y);
}
```

运行结果：

```
Please input integer n:-8
the result is -1.
Press any key to continue
```

图 1.37　运行结果

程序说明

① if 和 else 后面的语句可以是复合语句。

②注意 if 与 else 的配对原则，else 总是与前面离它最近的没成对的 if 成对。

本任务：由键盘输入一个由 2 个整数组成的四则运算式。

运行结果：

```
请输入2个整数的四则运算表达式：8*9
8*9=72
Press any key to continue
```

图 1.38　运行结果

步骤一：程序分析

（1）本程序需要声明 2 个整型变量。

（2）由键盘输入一个由 2 个整数组成的四则运算式。注意，运算符为字符型。

（3）判断运算符，然后进行相应的算术运算。

步骤二：编写代码，如示例代码 1-10 所示：

示例代码 1-10

```
#include <stdio.h>
void main()
{
    int a,b;
    char op;
    printf(" 请输入 2 个整数的四则运算表达式：");
    scanf("%d%c%d",&a,&op,&b);
    if(op=='+')
        printf("%d+%d=%d\n",a,b,a+b);
    if(op=='-')
        printf("%d-%d=%d\n",a,b,a-b);
```

```
    if(op=='*')
      printf("%d*%d=%d\n",a,b,a*b);
      if(op=='/')
    {
      if(b==0)
        printf(" 零不能作除数 \n");
      else
        printf("%d/%d=%d\n",a,b,a/b);
    }
  }
```

拓展任务名称：已知输入某课程的百分制成绩 mark，要求显示对应于 5 级制的评定。

运行结果

```
请输入学生的百分制成绩：85
良！
Press any key to continue
```

图 1.39 运行结果

程序分析

评定条件如下：

等级=
- 优 mark≥90
- 良 80≤mark<90
- 中 70≤mark<80
- 及格 60≤mark<70
- 不及格 mark<60

图 1.40 评定条件

编写代码，如示例代码 1-11 所示：

示例代码 1-11

```
#include<stdio.h>
void main()
{
int mark;
printf(" 请输入学生的百分制成绩：");
```

```
    scanf("%d",&mark);
    if(mark>=90)
      printf(" 优！ ");
    else if(mark>=80)
      printf(" 良！ ");
    else if(mark>=70)
      printf(" 中！ ");
    else if(mark>=60)
      printf(" 及格！ ");
    else
      printf(" 不及格 ");
      printf("\n");
}
```

任务五　随机输入十次由两个整数组成的四则运算式

循环是程序设计中一种很重要的结构，其特点是：在给定条件成立时，反复执行某程序段，直到条件不成立为止。在此，给定的条件称为循环条件，反复执行的程序段称为循环体。

1　单层循环(while 语句)

当事先未知循环次数，而根据条件来决定是否循环时，一般使用 while 语句来实现。 while 语句的一般形式为：

```
while ( 表达式 )
  { 循环体 }
```

语句功能

当“表达式”为非 0 值时，执行循环体中的语句，直到“表达式”为 0 时为止，例如，要分别输出三行“Hello！”的代码如示例代码 1-12 所示：

示例代码 1-12

```
#include <stdio.h>
void main()
{
  int count;
  count=1;
  while (count<=3)
  {
   printf("Hello!\n");
   count=count+1;
  }
}
```

运行结果：

```
Hello!
Hello!
Hello!
Press any key to continue
```

图 1.41 运行结果

程序说明

①循环体如果包含一个以上的语句，应该用花括弧括起来，以复合语句形式出现。

②在循环体中应有使循环趋向于结束的语句。

本任务：由键盘输入十次 2 个整数的四则运算式。

运行结果：

```
请输入2个整数的四则运算表达式: 29*8
29*8=232
请输入2个整数的四则运算表达式: 45+5
45+5=50
请输入2个整数的四则运算表达式: 47-8
47-8=39
请输入2个整数的四则运算表达式: 25/5
25/5=5
请输入2个整数的四则运算表达式:
```

图 1.42 运行结果

步骤一：程序分析：

（1）本程序需要声明 3 个整型变量，其中 2 个用于四则运算式，另一个用于循环计数。

（2）由键盘输入 2 个整型变量和字符型运算符的值。

（3）使用 printf() 分别输出运算式及计算结果。

步骤二：编写代码，如示例代码 1-13 所示：

示例代码 1-13

```
#include <stdio.h>
void main()
{
  int a,b,i;
  char op;
  i=1;
  while(i<=10)
  {
    printf(" 请输入 2 个整数的四则运算表达式：");
    scanf("%d%c%d",&a,&op,&b);
    if(op=='+')
      printf("%d+%d=%d\n",a,b,a+b);
    if(op=='-')
      printf("%d-%d=%d\n",a,b,a-b);
    if(op=='*')
      printf("%d*%d=%d\n",a,b,a*b);
    if(op=='/')
     {
      if(b==0)
            printf(" 零不能作除数 \n");
      else
          printf("%d/%d=%d\n",a,b,a/b);
     }
     i=i+1;
  }
}
```

试一试，若要求每次输入前的提示为“第 1 次，请输入 2 个整数的四则运算表达式：”“第 2 次，请输入 2 个整数的四则运算表达式：”……，则程序应该如何修改？

提示：printf(" 第 %d 次，请输入 2 个整数的四则运算表达式：",i);

拓展任务名称：实现 100 以内整数求和。

运行结果

```
100以内整数和为5050
Press any key to continue
```

图 1.43 运行结果

程序分析

这是一个数值累加计算问题，是将求和公式中的每个项 n 值相加，直到 n 的值大于 100 时停止。在计算过程中为了存放计算结果，需要定义一个变量 sum，此时语句就可以表示为：

```
sum=1+2+3+4+5+6+…+100;
```

先假定该累加计算仅有四项构成（即从 1 加到 4）时，i 表示每一项，我们可以表示为 如下形式：

```
当 i=1 时，sum1=1;
当 i=2 时，sum2=1+2;
当 i=3 时，sum3=1+2+3;
当 i=4 时，sum4=1+2+3+4;
```

仔细观察一下上面的等式，是否有相似的地方？不难看出每一赋值都是在上一次赋值表达式的基础上再加上 i 的值。因此我们可以把赋值表达式变换成如下的形式：

```
当 i=1 时，sum1=1;
当 i=2 时，sum2=sum1+2;
当 i=3 时，sum3=sum2+3;
当 i=4 时，sum4=sum3+4;
```

计算机中的运算符有一定的优先级，对于赋值符号“=”的优先级最低，将先计算赋值符号右边表达式的值再将计算的结果赋值给赋值符号左边的变量。因此，上式我们可以继续改写成：

```
sum=sum+i
```

该式中首先将 sum 中的值与 i 相加，再把相加的结果赋值给 sum。

按以上分析，可绘制出如图 1.44 所示的流程图：

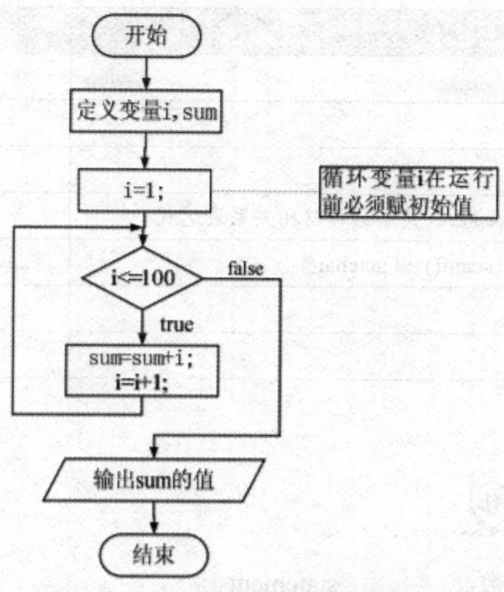

图 1.44　实现 100 以内整数和流程图

编写代码，如示例代码 1-14 所示：

示例代码 1-14

```
#include<stdio.h>
void main()
{
   int i,sum=0;
   i=1;
   while(i<=100)
     {
     sum+=i;
     i++;
     }
  printf("100 以内整数和为 %d\n",sum);
}
```

本项目通过 5 个任务，对 C 语言程序有初步的了解和认识，能够编写满足实际需求的简单计算程序，同时，熟悉 C 语言程序的编辑、编译、运行、调试的流程，建立正确的程序设计理念和逻辑思维，为后面的深入学习打下基础，根据如下表格查验是否掌握本项目的所有内容。

内容	是否掌握
C 语言程序的基本构成	□掌握 □未掌握
C 语言开发环境	□掌握 □未掌握
C 语言中整型、字符型变量	□掌握 □未掌握
C 语言中算术运算符、算术表达式、关系运算符和关系表达式	□掌握 □未掌握
库函数调用语句，及 printf()、scanf() 和 getchar()	□掌握 □未掌握
if-else 语句及选择结构嵌套	□掌握 □未掌握
while 语句实现单重循环	□掌握 □未掌握

function	函数	statement	语句
constant	常量	variable	变量
initialition	初始化	sign	符号
operator	运算符	expression	表达式
identify	标识符	keywords	关键字

一、选择题

1. 以下叙述中不正确的是 ________。
   A. 一个源文件可由多个函数组成　　B. 一个源文件中必须包含一个主函数
   C. 一个 C 程序可由多个源文件组成　　D. C 程序必须经过编译和连接才能运行
2. 在 C 语言中，要求运算数必须是整数的运算符是 ________。
   A. <　B. %　C. /　D. >
3. 以下叙述中正确的是 ________。
   A. 源程序注解中可以有换行符　　B. C 程序总是从第一个函数开始运行的
   C. 源程序中的注解可以嵌套　　D. C 程序是由用户函数和库函数构成的
4. 若有如下定义变量：int k=7，x=12；则能使值为 3 的表达式是 ________。
   A. x%=（k%=5）　　B. x%=（k-k%5）
   C. x%=k-k%5　　D.（x%=k）-（k%=5）
5. 在宏定义 #define PI 3.14159 中，用宏名代替一个 ________。
   A. 常量　B. 单精度数　C. 双精度数　D. 字符串

二、填空题

1. C 编辑器产生 ________ 文件。
2. 宏观上看 C 源文件是由 ________ 组成的。
3. C 程序的执行从 ________ 开始。
4. 在一个 C 源程序中至少应该包含一个 ________。
5. 在 C 语言中，输入操作是由库函数 ________ 完成的，输出操作是由库函数 ________ 完成的。

三、上机题

由键盘输入任意多个 2 个整数的四则运算式，直到确认不再需要计算。计算由键盘输入的任意 2 个整数四则运算的结果，如示例代码 1-15 所示。

示例代码 1-15

```
#include <stdio.h>
void main()
{
 int a,b,i;
 char op,contiue;
 i=1;
contiue='y';
while(contiue=='y' | | contiue=='Y')
 {
      printf(" 第 %d 次，请输入 2 个整数的四则运算表达式：",i);
      scanf("%d%c%d",&a,&op,&b);
      if(op=='+')
        printf("%d+%d=%d\n",a,b,a+b);
      if(op=='-')
        printf("%d-%d=%d\n",a,b,a-b);
      if(op=='*')
        printf("%d*%d=%d\n",a,b,a*b);
      if(op=='/')
      {
        if(b==0)
               printf(" 零不能作除数 \n");
        else
           printf("%d/%d=%d\n",a,b,a/b);
      }
      i=i+1;
```

```
        printf(" 是否继续执行计算？(y/n)");
        scanf("%c",&contiue);
    }
}
```

项目二　绘制图形

通过编写程序绘制由“*”组成的不同图形，介绍设计C语言程序的一种最基本思路——学会找规律，以及理解函数在程序中的作用。在任务实现过程中：

- 了解条件运算及表达式和函数在结构化程序设计中的重要意义。
- 理解在解决问题过程中抽象出规律的重要性。
- 掌握for语句及循环嵌套以及程序功能设计。
- 掌握三种循环语句的区别、联系以及使用情况。
- 具有使用switch语句实现简单的菜单选择功能的能力。

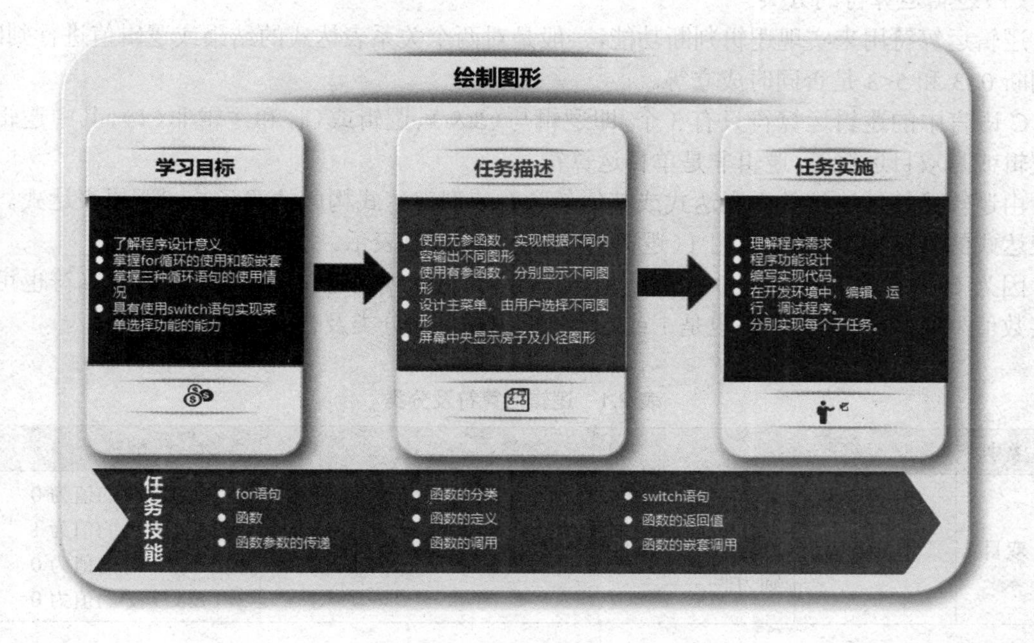

在进入到本项目学习之前，应该对变量类型以及变量的赋值和定义方式有了一定的了解和掌握并能够熟练应用输入和输出语句。

任务一　使用无参函数，实现根据不同内容输出不同图形

利用计算机解题就是把一个复杂的问题转化为一个较为简单的问题，通过重复求解简单问题，直至最终得到复杂问题的解。循环是程序设计中一种很重要的结构，其特点是：在给定条件成立时，反复执行某程序段，直到条件不成立为止。在此，给定的条件称为循环条件，反复执行的程序段称为循环体。

1　逻辑运算

（1）逻辑运算符的分类

逻辑运算符用来实现逻辑判断功能，一般是对两个关系表达式的结果或逻辑值进行判断，如判断 0>3 和 5<3 是否同时成立等。

C 语言中的逻辑运算符只有 3 个，即逻辑与（&&）、逻辑或（||）和逻辑非（!），其中逻辑与和逻辑或是双目运算符，逻辑非是单目运算符。

由逻辑运算符连接关系表达式或其他任意数值型表达式构成的式子就叫逻辑表达式。逻辑表达式的值是一个逻辑值，用 1（逻辑真）或 0（逻辑假）表示。

因为 C 语言规定任何非 0 值都被视为逻辑真，而 0 视为逻辑假，因此逻辑运算符也可以连接数值型表达式，运算结果也是 1 或 0。逻辑运算符的分类及含义如表 2.1 所示。

表 2.1　逻辑运算符及分类

类别	运算符	含义	举例
双目	&&	逻辑与： 只有参与运算的两个量都为真时，结果才为真，否则为假。	1>2 && 2>1 的值为 0 3>2 && 2>1 的值为 1 1>2 && 2>3 的值为 0 2>1 && 1>2 的值为 0

续表

类别	运算符	含义	举例
双目	||	逻辑或： 参与运算的两个量只要有一个为真，结果就为真。两个量都为假时，结果为假。	1>2 || 2>1 的值为 1 3>2 || 2>1 的值为 1 1>2 || 2>3 的值为 0 2>1 || 1>2 的值为 1
单目	!	逻辑非： 参与运算量为真时，结果为假；参与运算量为假时，结果为真。	!1 的值是 0 !0 的值是 1

（2）逻辑运算符的优先级和结合性

三个逻辑运算符中，逻辑非“！”的优先级最高，具有右结合性，其次是逻辑与“&&”，最后是逻辑或“||”，逻辑与和逻辑或都具有左结合性。它们的优先级为：！ > && > ||。

当一个复杂的表达式中既有算术运算符、关系运算符，还有逻辑运算符时，它们之间的优先级如下：算术运算符 > 关系运算符 > 逻辑运算符。

按照运算符的优先顺序可以得出：

```
a>b && c>d       等价于   (a>b)&&(c>d)
!b==c||d<a       等价于   ((!b)==c)||(d<a)
a+b>c&&x+y<b     等价于   ((a+b)>c)&&((x+y)<b)
```

2　for 和 do-while 语句

（1）for 语句简介

C 语言中的 for 语句使用最为灵活，它完全可以代替 while 语句。一般形式如下所示：

```
for( 表达式 1; 表达式 2; 表达式 3)
{ 循环体 }
```

for 语句的流程图如图 2.1 所示，从其流程图和执行过程分析可以看出，它相当于 while 循环中如下形式：

```
表达式 1;
while( 表达式 2) {
  循环体
  表达式 3;
}
```

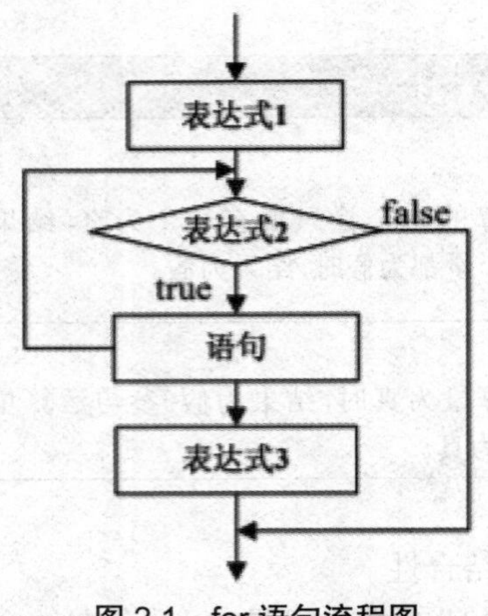

图 2.1　for 语句流程图

说明——语句功能

该语句的执行过程为：

第一步：执行表达式 1。

第二步：求表达式 2 的值，若其值为 true（非 0），则执行一次循环体，若其值为 false（0），则结束循环，转而执行循环体后面的语句。

第三步：执行表达式 3，然后转到第二步继续执行。

分析 for 循环的含义，如表 2.2 所示：

表 2.2　for 循环的含义

for 循环	含义
for(sum=0,i=1;i<=10;sum+=i,i++);	求 1+2+3+4+5+6+7+8+9+10 的和
for(sum=0,i=1;i<=10;sum+=i,i+=2);	求 1+3+5+7+9 的和
for(i=0;;i++);	从 0 开始，1，2，3……不停向上递增，永不停止
for(;i<10;);	当 i 大于等于 10 时停止循环，此语句为死循环
for(;(ch=getchar())!='\n';printf("%c",ch));	从键盘读入字符，并输出，直到输入字符为回车键时为止

说明——关于 for 语句

- “表达式 1”可以省略，但若使用循环控制变量，则应事先赋初值。
- “表达式 2”可以省略，则循环判断条件永为逻辑真，如循环体中没有其他退出语句，则循环将无终止地进行下去。
- “表达式 3”可以省略，但一般应另外有使循环控制变量的值趋向循环结束值的语句，以保证循环能正常结束。
- 三个表达式都可省略，但分号不能省略。
- 表达式 1 中可以同时初始化多个变量，一般用逗号运算。
- 表达式 2 可以是任意表达式，只要其值为非零，就执行循环体。
- 表达式 3 可以是任意表达式，例如逗号表达式、函数调用等。

(2)do-while 语句

一般格式：

```
do {
    循环体
}while ( 表达式 );
```

语句功能：先执行循环体，然后判断循环条件是否成立，若成立，则反复执行循环体；若不成立，则退出循环，执行循环体后面的语句。

例如，编写程序进行帐号与密码检查，直到账号和密码输入正确为止。

示例代码 2-1

```
#define ACCOUNT 1234
#define PASSWORD 4321
#include <stdio.h>
main()
{
  int account,password,flag;        /*flag 是用户自定义的标识变量 */
  flag=1;
  do{
    printf("Please input your account:");
    scanf("%d",&account);
    printf("Please input your password:");
    scanf("%d",&password);
    if(account==ACCOUNT&&password==PASSWORD)
      {
        printf("Welcome you to this system!^_^\n");
        flag=0;
      }
    else
      printf("Please input your account and password again!@_@\n");
  }while (flag);
}
```

试一试：若最多只允许 3 次机会，即 3 次输入信息均不正确，则就没有机会了，程序应该怎样修改？

运行结果：

```
Please input your account:7894
Please input your password:4444
Please input your account and password again!@_@
Please input your account:1234
Please input your password:4321
Welcome you to this system!^_^
Press any key to continue
```

图 2.2 运算结果

（3）三种循环语句的比较

- 三种循环一般情况下可以互相代替。
- 在 while 和 do-while 循环语句中，循环变量初始化的操作应在 while 和 do-while 语句之前完成；在 while 后面指定循环条件；在循环体中包含使循环趋于结束的语句（如 i++，或 i=i+1 等）。而 for 语句可以在表达式 1 中实现循环变量的初始化；表达式 2 中是循环条件；表达式 3 中包含使循环趋于结束的操作，甚至可以将循环体中的操作全部放到表达式 3 中。for 语句的功能更强，凡用 while 循环能完成的，用 for 循环都能实现。
- while 和 do-while 的区别有两点：①无论循环条件是否成立 do-while 语句的循环体至少执行一次，而 while 语句的循环体可能一次都不执行；② while 语句中，while() 后面的分号可以有也可以没有，有和没有表示的含义不一样，多数情况下有分号会出现逻辑错误；do-while 语句中，while() 后面必须有分号，没有则出现语法错误。

（4）嵌套

循环嵌套是指一个循环体内又包含另一个完整的循环结构，三种循环语句 (while 循环、do-while 循环和 for 循环) 可以互相嵌套，并且可以多层嵌套。

3 函数概述

（1）函数简介

C 语言的结构有一个特点，它是由一个个被称为函数的程序块组成的。虽然在前面各项目中的程序中大都只有一个主函数 main()，但应用程序往往是由多个函数组成。函数是 C 源程序的基本结构，通过对函数的调用实现特定的功能。C 语言不仅提供了极为丰富的库函数，还允许用户建立自己定义的函数。用户可把自己的算法编成一个个相对独立的函数结构，然后用调用的方法来使用函数。比如我们先前使用的输入输出函数等。

（2）函数的优势

- 对于每一个函数单独编写和调试，可以简化程序设计。
- 函数的逻辑简单、明确，可以增加程序的可读性，方便维护与调试。
- 采用函数编程，C 语言程序易于实现结构化程序设计，从而使程序的层次结构清晰。
- 可以像搭积木一样，把不同函数进行相应组合，实现一个完整的应用程序。函数的重复使用，可以避免重复劳动，提高软件开发效率。
- 函数具有模块化功能，一个程序由功能不同的函数组成，可以分别编写，利于团队开发，能加快程序开发速度。

● 当程序需要扩充新功能时，也不会涉及整个程序的修改，从而使程序具有良好的可维护性和可用性。

（3）函数的分类

根据函数的概念可以对函数进行分类，在 C 语言中可从不同的角度对函数分类。

● 从函数定义的角度看，函数可分为库函数和用户定义函数两种。

①库函数

由 C 系统提供，用户无须定义，也不必在程序中作类型说明，只需在程序前包含有该函数原型的头文件即可在程序中直接调用。例如，在之前的示例中反复用到 printf()、scanf()、getchar() 等函数均属此类。

C 语言提供了多种库函数，不仅数量多，而且有的还需要硬件知识才会使用，因此要想全部掌握则需要一个较长的学习过程。应首先掌握一些最基本、最常用的库函数，再逐步深入。由于篇幅关系，本书只介绍了很少一部分库函数，其余部分可根据需要查阅有关手册。

表 2.3　常用数学库函数

函数声明	功能
int abs(int i) ;	求整数的绝对值
double acos(double x) ;	反余弦函数
double asin(double x) ;	反正弦函数
double atan(double x) ;	反正切函数
double ceil(double x);	向上舍入
double cos(double x);	余弦函数
double exp(double x);	指数函数
double log(double x);	对数函数 ln(x)
double log10(double x);	对数函数 log
double pow(double x, double y);	指数函数 (x 的 y 次方)
double pow10(int p);	指数函数 (10 的 p 次方)
double sin(double x);	正弦函数
double sqrt(double x) ;	计算平方根

表 2.4　常用其他库函数

函数声明	功能
void *calloc(size_t nelem, size_t elsize);	分配主存储器
void *malloc(unsigned size);	内存分配函数
int random(int num);	随机数发生器
unsigned sleep(unsigned seconds);	执行挂起一段时间

续表

函数声明	功能
void srand(unsigned seed);	初始化随机数发生器
logn time(long *tloc);	取一天的时间

②用户自定义函数

由用户按实际需要编写的函数。对于用户自定义函数，不仅要在程序中定义函数本身，而且一般在主调函数模块中还必须对该被调函数进行类型说明，然后才能使用。

- 从主调函数和被调函数间数据传送的角度看又可分为无参函数和有参函数两种。

①无参函数

函数定义、函数说明及函数调用中均不带参数，主调函数和被调函数之间不进行参数传送。此类函数通常用来完成一组指定的功能，可以返回或不返回函数值。

②有参函数

也称为带参函数。在函数定义及函数说明时都有参数，称为形式参数（简称为形参）。在函数调用时也必须给出参数，称为实际参数（简称为实参）。进行函数调用时，主调函数将把实参的值传送给相应形参，供被调函数使用。

- C 语言的函数兼有其他语言中的函数和过程两种功能，从这个角度看，又可把函数分为有返回值函数和无返回值函数两种。

①有返回值函数

此类函数被调用执行完后将向调用者返回一个执行结果，称为函数返回值。比如数学函数即属于此类函数。由用户定义的这种有返回值的函数，必须在函数定义和函数说明中明确返回值的类型。

②无返回值函数

此类函数用于完成某项特定的处理任务，执行完成后不向调用者返回函数值，这类函数类似于其他语言的过程。由于函数无须返回值，用户在定义此类函数时可指定它的返回为“空类型”，空类型的说明符为“void”。

4 函数声明

在一个函数中被调用的函数（即被调用函数）需要具备如下条件：

（1）被调用的函数必须是已经存在的函数（是库函数或用户自定义函数）。

（2）如果使用库函数，一般应在文件开头用 #include 命令包含头文件。

（3）如果使用用户自己定义的函数，尤其是主调函数在前，被调函数定义在后时，必须在主调函数中对被调用函数进行函数声明。函数声明，也称函数原型，其一般格式如下所示：

```
数据类型 函数名 ( 形参类型 1 形参 1, 形参类型 2 形参 2……)
或者：函数类型 函数名 ( 形参类型 1, 形参类型 2……)
```

在主调函数中声明被调函数的目的是使编译系统知道被调函数返回值的类型，以便在主调函数中按此种类型对返回值作相应的处理。

举例:可以在所有函数定义之前,在函数的外部已做了函数声明,则在各个主调函数中不必对所调用的函数再进行声明,示例代码如下所示:

```
/* 下行在所有函数之前,且在主函数外部 */
int i(int, int);
void main()
{…}        /* 不必声明它所调用的上述函数 * /
int i(int j ,int k)    /* 定义 i()*/
{…}
```

5　函数的定义

函数的定义可以位于源程序中预处理命令(以 # 开始的命令)之后的任何位置。C 语言函数定义 ANSI 格式如下:

```
[数据类型] 函数名 ([ 形参类型 1  形参 1, 形参类型 2  形参 2,……]) /* 函数首部 */
{
 函数体;
}
```

函数定义一般由两部分组成:函数首部和函数体。函数首部包括:

- 数据类型,是指函数的类型,即函数返回值的类型。函数可以有返回值,也可以没有返回值。若没有返回值时,数据类型为 void;若在函数首部没有"数据类型"项,则表示函数返回值类型为 int。
- 函数名,是指由用户定义的标识符,它应该符合标识符起名规则,并且最好能"见名思义"。
- 参数列表,在每个函数名的后面紧跟一对括号,注意:即使是无参函数该括号也不能缺省。若是有参函数,则分别声明每一个形参,形参之间用逗号分隔。

函数体,被一对花括号括起来,通过函数体中的语句来实现函数的功能。一般函数体又是由声明部分和执行部分组成的。声明部分往往用于声明属于该函数的局部变量和该函数要调用的其他用户自定义函数。执行部分就是由各个所需的执行语句组成。

举例:无参无返回值函数,定义一个函数,从键盘读入两个整数值,输出它们的和,其示例代码如下所示:

```
void fun1( )     /*void 表明无返回值; fun1 是函数名 */
{               /* 函数体开始 */
   int num1,num2,sum;
   printf("Please input 2 integer:\n");
   scanf("%d%d",&num1,&num2);
   sum=num1+num2;
```

```
    printf("%d+%d=%d\n",num1,num2,sum);
}               /* 函数体结束 */
```

程序说明：无参函数的函数名后面的()不可省略。

举例：无参有返回值函数，定义一个函数，其功能是从键盘读入两个整数值，求出它们的和。

```
int fun2( )
{
    int num1,num2,sum;
    printf("Please input 2 integer:\n");
    scanf("%d%d",&num1,&num2);
    sum=num1+num2;
    return sum;             /* 把 sum 的值返回给主调函数 */
}
```

程序说明

每个函数最多只能有一个函数返回值。如果需要函数带回多值则要用到指针的概念，后面项目五“学生成绩统计”中将详细讲解。有返回值函数的函数体中至少应有一个return语句。

举例：有参无返回值函数，定义一个函数，其功能是输出两个已知的整数之和。

```
void fun3(int num1,int num2)
/*num1 和 num2 是形参，在函数调用时会从实参获得相应的值 */
{
    int sum;
    sum=num1+num2;
    printf("%d+%d=%d\n",num1,num2,sum);
}
```

举例：有参有返回值函数，定义一个函数，其功能是求出两个已知整数之和。

```
int fun4(int num1,int num2)
/*num1 和 num2 是形参，在函数调用时会从实参获得相应的值 */
{
    int sum;
    sum=num1+num2;
    return sum;             /* 把 sum 的值返回给主调函数 */
}
```

还应该指出的是，所有的函数定义，包括主函数main()在内，都是平行的。也就是说，在一个函数的函数体内，不能再定义另一个函数，即函数不能嵌套定义。

6　无参函数的调用

函数只有仅当被程序调用的时候，函数中的语句才会被执行。调用函数时，程序可以通过一个或多个参数给它传递信息。参数是程序传递给函数的数据，函数可以使用这些数据执行任务。然后执行函数中的语句，完成被设计的任务。函数中的语句执行完毕后，控制权将返回调用函数的地方。函数能够以返回值的形式将信息返回给程序。

下面是一个在主函数中调用 3 个函数的程序，其中每个函数都被调用一次。每当函数被调用时，控制权便被传递给函数，函数执行完毕后，控制权将返回到调用该函数的位置。如示例代码 2-2 所示，运行结果如图 2.3 所示。

示例代码 2-2

```
# include <stdio.h>
void fun1();// 声明函数 fun1()，无返回类型，无参数
void fun2();// 声明函数 fun2()，无返回类型，无参数
void fun3();// 声明函数 fun3()，无返回类型，无参数
void main( ) // 主函数
{
  fun1(); // 调用函数 fun1
  fun2(); // 调用函数 fun2
  fun3(); // 调用函数 fun3
}
void fun1()// 函数定义，输出字符串
{
  printf("fun1 被调用！ \n");
}
void fun2()// 函数定义，输出字符串
{
  printf("fun2 被调用！ \n");
}
void fun3()// 函数定义，输出字符串
{
  printf("fun3 被调用！ \n");
}
```

图 2.3　函数调用的一般过程

本任务：分别编写无参函数，按照输入的相关数据，依次分别显示如下规则图形。

运行结果：

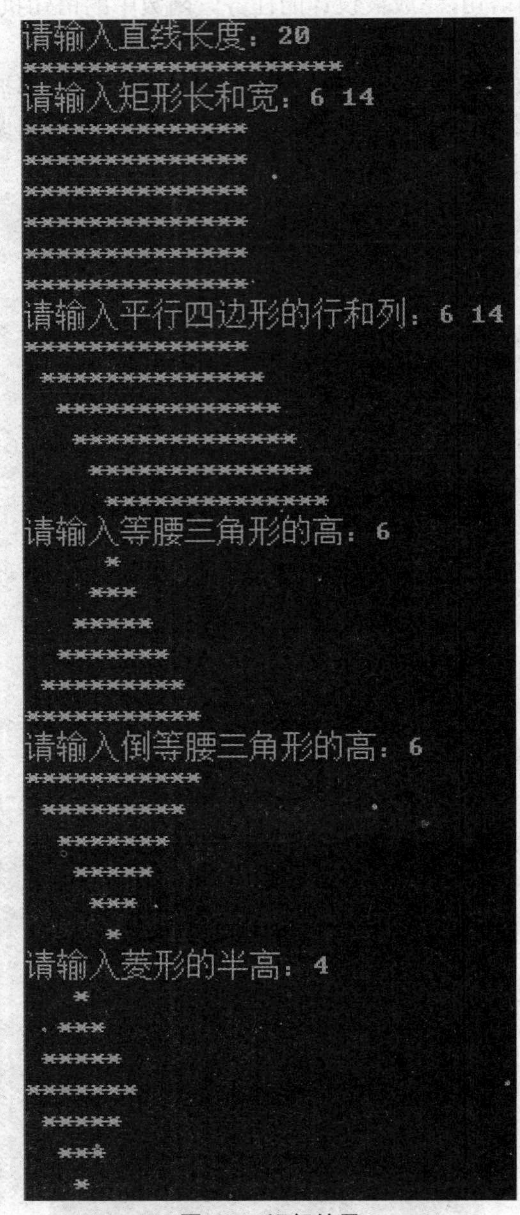

图 2.4 运行结果

步骤一：程序分析

（1）分析每个图形，不难发现均是由若干行“*”组成的。考虑运用双重循环，外层控制行，而内循环控制每行的输出。

（2）分析每行的输出，概括而言均是由若干空格、若干“*”和最后的“\n”组成。

（3）每行空格的个数和“*”的个数是规律地递增或递减。

步骤二：编写代码，如示例代码 2-3 所示：

示例代码 2-3

```
#include <stdio.h>
void print_starLine() // 绘制由 * 组成的线
{
  int n,j;
  printf(" 请输入直线长度：");
  scanf("%d",&n);
  for(j=1;j<=n;j++)
      printf("*");
  printf("\n");
}

void print_rectangle() // 绘制由 * 组成的矩形
{
  int x,y,i,j;
  printf(" 请输入矩形长和宽：");
  scanf("%d%d",&x,&y);
  for(i=1;i<=x;i++)
  {
    for(j=1;j<=y;j++)
    printf("*");
    printf("\n");
  }
}

void print_parallelogram() // 绘制 * 组成的平行四边形
{
  int x,y,i,j;
  printf(" 请输入平行四边形的行和列：");
  scanf("%d%d",&x,&y);
```

```
    for(i=1;i<=x;i++)
    {
        for(j=1;j<=i-1;j++)
            printf(" ");
        for(j=1;j<=y;j++)
            printf("*");
        printf("\n");

    }
}

void print_triangle()  // 绘制由 * 组成的等腰三角形
{
    int n,i,j;
    printf(" 请输入等腰三角形的高：");
    scanf("%d",&n);
    for(i=1;i<=n;i++)
    {
        for(j=1;j<=n-i;j++)
            printf(" ");
        for(j=1;j<=2*i-1;j++)
            printf("*");
        printf("\n");
    }
}

void print_inverted_triangle()  // 绘制由 * 组成的倒等腰三角形
{
    int n,i,j;
    printf(" 请输入倒等腰三角形的高：");
    scanf("%d",&n);
    for(i=1;i<=n;i++)
    {
        for(j=1;j<i;j++)
            printf(" ");
        for(j=1;j<=2*(n+1-i)-1;j++)
```

```
            printf("*");
        printf("\n");
    }
}


void print_rhombus()   //绘制由 * 组成的菱形
{
    int n,i,j;
    printf(" 请输入菱形的半高：");
    scanf("%d",&n);
    for(i=1;i<=n;i++)
    {
        for(j=1;j<=n-i;j++)
            printf(" ");
        for(j=1;j<=2*i-1;j++)
            printf("*");
        printf("\n");
    }
    for(i=1;i<=n-1;i++)
    {
        printf(" ");
        for(j=1;j<i;j++)
            printf(" ");
        for(j=1;j<=2*(n-i)-1;j++)
            printf("*");
        printf("\n");
    }
}

void main()
{
    print_starLine();
    print_rectangle();
    print_parallelogram();
    print_triangle();
```

```
    print_inverted_triangle();
    print_rhombus();
}
```

拓展任务名称：输出无参函数中变量值。

运行结果

```
main 函数中 x 的值为10, y 的值为20
fun1 函数中 x 的值为24, y 的值为25
fun2 函数中 x 的值为45, y 的值为46
Press any key to continue
```

图 2.5 运行结果

编写代码，如示例代码 2-4 所示：

示例代码 2-4

```
#include<stdio.h>
void fun1() // 声明并定义函数
{
    int x =24;
    int y =25;
    printf("fun1 函数中 x 的值为 %d，y 的值为 %d\n",x,y);
}
void fun2() // 声明并定义函数
{
    int x =45;
    int y =46;
    printf("fun2 函数中 x 的值为 %d，y 的值为 %d\n",x,y);
}
void main() // 主函数
{
    int x =10;
    int y =20;
    printf("main 函数中 x 的值为 %d，y 的值为 %d\n",x,y);
```

```
    fun1(); // 调用函数 fun1
    fun2(); // 调用函数 fun2
}
```

任务二　使用有参函数，分别显示不同图形

函数的一个明显特征就是使用时带括号，有必要的话，括号中还要包含数据或变量，称为参数（Parameter）。参数是函数需要处理的数据，一般格式如下所示：

```
strlen(str1) // 用来计算字符串的长度，str1 就是参数。
puts("C 语言 ") // 用来输出字符串，"C 语言 " 就是参数。
```

1　有参函数的调用

（1）函数调用过程

所有程序都是从 main() 开始执行，遇到函数调用时，把当前断点地址压入堆栈，执行被调用函数，当被调用函数执行结束之后，由堆栈中弹出主调函数断点地址，继续执行主调函数后面的语句。如图 2.6 所示。

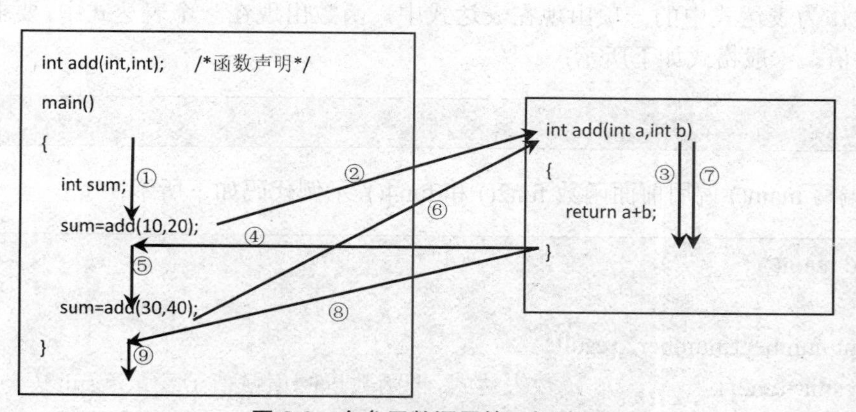

图 2.6　有参函数调用的一般过程

（2）函数的调用形式

函数调用的一般格式如下所示：

```
函数名 ( 实参表列 );
```

在函数调用时应注意：

①函数名后的“实参表列”可以省略，但 () 不能省略。

②实参表列可以包含多个实参，各参数间用逗号分隔。

③实参与形参一一对应，实参与形参的个数应相等，类型应一致或相兼容，在调用函数时实参把值传递给对应的形参。

④实参表列中的参数可以是常量、变量、表达式或函数。在进行函数调用时，实参必须具有确定的值，以便把这些值传递给相应形参。因此应预先用赋值、输入等方法使实参获得确定值。

（3）函数调用的方式

①函数作为一个单独的语句。把函数调用作为一个语句，不要求函数有返回值。一般格式如下所示：

```
函数名 ( 实参表列 );
```

举例：编写 main() 调用前面函数 fun1() 和 fun3()，示例代码如下所示：

```
void main()
{
    int number1,number2;
    fun1();          /* 函数调用语句 */
    printf("Please input 2 integer:\n");
    scanf("%d%d",&number1,&number2);
    fun3(number1,number2);      /* 函数调用语句，number1 和 number2 是实参 */
}
```

②函数作为表达式中的一项出现在表达式中。函数出现在一个表达式中，要求函数带回一个确定的值。一般格式如下所示：

```
变量名 = 函数表达式 ;
```

举例：编写 main() 调用前面函数 fun2() 和 fun4()，示例代码如下所示：

```
void main()
{
    int number1,number2,result;
    result=fun2();            /* 函数表达式，把函数返回值赋值给变量 result*/
    printf("Result is:%d\n",result);
    printf("Please input 2 integer:\n");
    scanf("%d%d",&number1,&number2);
    result=fun4(number1,number2);
```

```
    /* 函数表达式,number1 和 number2 是实参,把函数返回值赋值给变量 result */
    printf("%d+%d=%d\n",number1,number2,result);
}
```

③函数作为调用另一个函数时的实参一般格式如下所示：

```
result=fun4(fun4(number1,number2),number1);
/* 函数实参,先计算 fun4(number1,number2),再把其返回作为实参 */
```

2　形参与实参

前面已经介绍过，函数的参数分为形参和实参两种。形参出现在函数定义中，在整个函数体内都可以使用，离开该函数则不能使用；实参出现在主调函数中，进入被调函数后，实参变量也不能使用。形参和实参的功能是进行数据传递。函数调用时，主调函数把实参的值依次传递给被调函数的形参，从而实现主调函数向被调函数的数据传递。

函数的形参和实参具有以下特点：

（1）形参变量只有在被调用时才分配内存单元，在调用结束时，即刻释放所分配的内存单元。因此，形参只有在函数内部有效。

（2）函数调用是数据单向值传递，即只能把实参的值传送给形参，而不能把形参的值反向地传送给实参。因此在函数调用过程中，形参的值可以发生改变，而实参的值不会随之变化。实参向形参的单向值传递的示例代码如 2-5 所示：

示例代码 2-5

```
#include <stdio.h>
void sort1(int a,int b)
/* 该函数的功能是把 a 和 b 中较大的值存入 a,较小的值存入 b*/
{
   int max;
   max=(a>=b?a:b);        /* 利用条件运算使 max 中存放 a 中较大的值 b*/
   b=a+b-max;          /* 注意此赋值运算之后 b 的值 */
   a=max;
}
void main()
{ void sort2(int,int);       /* 函数声明,也称为函数原型 */
   int a,b;
   printf("Please input two integer:");
   scanf("%d%d",&a,&b);
   sort1(a,b);              /* 调用函数 sort1()*/
   printf("After the first sort: %d > %d\n",a,b);  /* 输出 main() 中 a 和 b 的值 */
```

```
    printf("Please input two integer,too:");
    scanf("%d%d",&a,&b);
    sort2(a,b);              /* 调用函数 sort2()*/
}
void sort2(int a,int b)
{
    int max;
    max=(a>=b?a:b);
    b=a+b-max;
    a=max;
    printf("After the second sort: %d > %d\n",a,b);  /* 输出 sort2() 中 a 和 b 的值 */
}
```

运行结果：

```
Please input two integer:3 2
After the first sort: 3 > 2
Please input two integer,too:6 9
After the second sort: 9 > 6
Press any key to continue
```

图 2.7　运行结果

程序说明：

①对应的实参和形参可以重名，但由于它们的作用域不同，所以它们具有不同涵义，即不占用相同的存储空间，就像是在不同的班级有两个同名的同学一样，根本就是两个人。

②为什么两次相同的排序结果显示不同？正如程序中注释所写，第一次输出的是 main() 中的变量值，而改变后的形参值是不会反传递给实参的，第二次输出的是形参本身值。

本任务：分别编写有参函数，依次分别显示如下各规则图形。请用带参函数完成任务。

运行结果

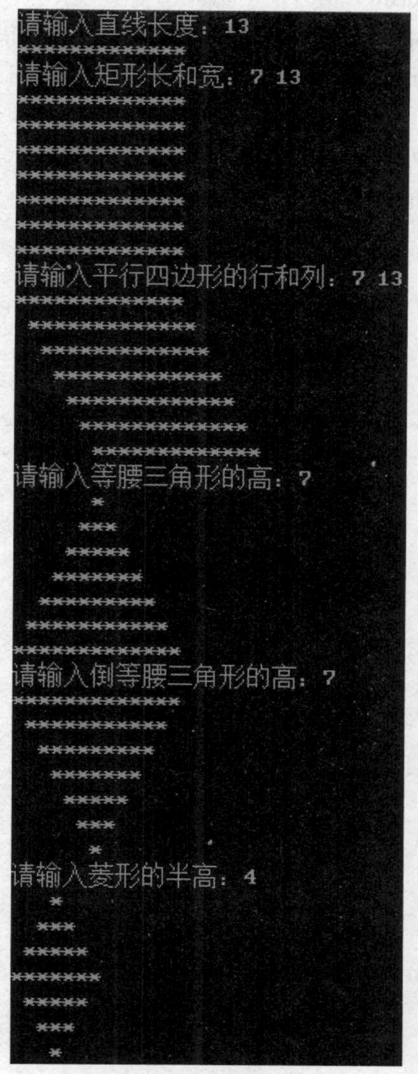

图 2.8　运行结果

步骤一：程序分析。

（1）统一在 main() 中读取数据，然后以形参的方式传递给自定义函数。

（2）注意函数声明。

步骤二：编写代码，如示例代码 2-6 所示：

示例代码 2-6

```
#include <stdio.h>
void print_starLine(int n); // 绘制由 n 个 * 组成的线
void print_rectangle(int x,int y); // 绘制由 x 行 y 列个 * 组成的矩形
```

```
void print_parallelogram(int x,int y); // 绘制由 x 行 y 列个 * 组成的平行四边形
void print_triangle(int n); // 绘制由 n 行 * 组成的等腰三角形
void print_inverted_triangle(int n); // 绘制由 n 行 * 组成的倒等腰三角形
void print_rhombus(int n);  // 绘制由 2n-1 行 * 组成的菱形

void print_starLine(int n) // 绘制由 n 个 * 组成的线
{
  int j;
  for(j=1;j<=n;j++)
    printf("*");
  printf("\n");
}

void print_rectangle(int x,int y) // 绘制由 x 行 y 列个 * 组成的矩形
{
  int i,j;
  for(i=1;i<=x;i++)
  {
    for(j=1;j<=y;j++)
      printf("*");
    printf("\n");
  }
}

void print_parallelogram(int x,int y) // 绘制由 x 行 y 列个 * 组成的平行四边形
{
  int i,j;
  for(i=1;i<=x;i++)
  {
    for(j=1;j<=i-1;j++)
      printf(" ");
    for(j=1;j<=y;j++)
      printf("*");
    printf("\n");
  }
}
```

```
void print_triangle(int n) // 绘制由 n 行 * 组成的等腰三角形
{
  int i,j;
  for(i=1;i<=n;i++)
  {
      for(j=1;j<=n-i;j++)
        printf(" ");
      for(j=1;j<=2*i-1;j++)
        printf("*");
    printf("\n");
  }
}

void print_inverted_triangle(int n) // 绘制由 n 行 * 组成的倒等腰三角形
{
  int i,j;
  for(i=1;i<=n;i++)
  {
    for(j=1;j<i;j++)
      printf(" ");
    for(j=1;j<=2*(n+1-i)-1;j++)
      printf("*");
    printf("\n");
  }
}

void print_rhombus(int n)  // 绘制由 2n-1 行 * 组成的菱形
{
  int i,j;
  for(i=1;i<=n;i++)
  {
    for(j=1;j<=n-i;j++)

      printf(" ");
    for(j=1;j<=2*i-1;j++)
      printf("*");
    printf("\n");
```

```
    }
    for(i=1;i<=n-1;i++)
    {
        printf(" ");
        for(j=1;j<i;j++)
          printf(" ");
        for(j=1;j<=2*(n-i)-1;j++)
          printf("*");
      printf("\n");
    }
}

void main()
{
    int n,m;
    printf(" 请输入直线长度：");
    scanf("%d",&n);
    print_starLine(n);
    printf(" 请输入矩形长和宽：");
    scanf("%d%d",&n,&m);
    print_rectangle(n,m); // 绘制由 x*y 个 * 组成的矩形
    printf(" 请输入平行四边形的行和列：");
    scanf("%d%d",&n,&m);
    print_parallelogram(n,m); // 绘制由 x*y 个 * 组成的平行四边形
    printf(" 请输入等腰三角形的高：");
    scanf("%d",&n);
    print_triangle(n); // 绘制由 n 行 * 组成的等腰三角形
    printf(" 请输入倒等腰三角形的高：");
    scanf("%d",&n);
    print_inverted_triangle(n); // 绘制由 n 行 * 组成的倒等腰三角形
    printf(" 请输入菱形的半高：");
    scanf("%d",&n);
    print_rhombus(n);  // 绘制由 2n-1 行 * 组成的菱形
}
```

拓展任务名称：求三个数值中的最大值。

运行结果

```
请输入三个整数:8 12 5
8,12和5中,最大的值是:12
```

图 2.9　运行结果

编写代码，如示例代码 2-7 所示：

示例代码 2-7

```
#include <stdio.h>
int Max(int a,int b)
{
   if(a>=b)
      return a;
   else
      return b;
}
void main()
{
   int num1,num2,num3,max;
   printf(" 请输入三个整数 :");
   scanf("%d%d%d",&num1,&num2,&num3);
   max=Max(num1,num2);
   max=Max(max,num3);
   printf("%d,%d 和 %d 中 , 最大的值是 :%d\n",num1,num2,num3,max);
}
```

程序说明

这个程序分两个部分，一个是主函数 main，另一个是自定义的函数 Max。Max 函数在主函数 main() 的前面定义，它有 a、b 两个参数，它的功能是求出 a 和 b 二者中的较大值。

任务三　设计主菜单，由用户选择不同图形进行输出

在此之前讲解过C语言的语法结构，并介绍了基础的C语言程序设计，作为三种基本结构中的选择结构，switch语句是C语言中常用的选择结构语句。

1　switch 语句

switch语句是开关语句，也称多分支选择语句，用来实现多分支选择结构。其一般格式如下所示：

```
switch ( 表达式 )
{  case   常量表达式 1: 语句 1
   case   常量表达式 2: 语句 2
   …
   case   常量表达式 n: 语句 n
   default : 语句 n + 1
}
```

语句功能：

第一步：计算“表达式”的值。

第二步：从上至下依次与“常量表达式1”“常量表达式2”……“常量表达式n”的值进行比较，若相等则从相应的语句开始执行。若与所有“常量表达式”都不相等，则执行“default”后面的“语句n+1”。

举例：判断用户输入的数值所处等级，如示例代码2-8所示：

示例代码 2-8

```
#include <stdio.h>
void main( )
{
   int s, score;
   scanf("%d",&score);
   s=score/10;   /* 注意为整除 */
   switch (s)
```

```
    { case 10:
       case 9: printf("A\n");break;
       case 8: printf("B\n");break;
       case 7: printf("C\n");break;
       case 6: printf("D\n"); break;
       default: printf("E\n");
    }
}
```

运行结果：

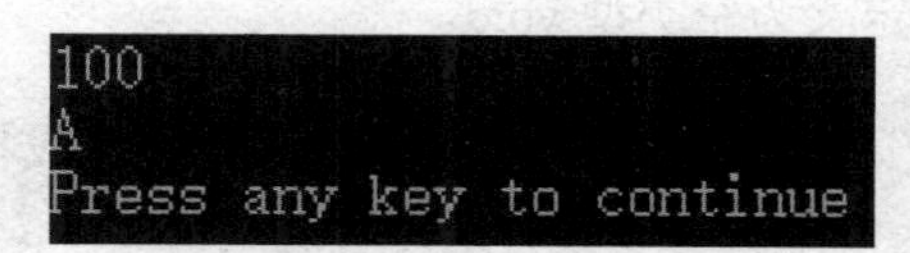

图 2.10　运行结果

程序说明：

（1）switch 后面括弧内的“表达式”只能是整型或字符型表达式。为什么？因为前面讲过，float 和 double 类型的值进行“等于”或“不等”的判断往往是没有意义的。

（2）每一个 case 的常量表达式的值必须互不相同。

（3）case 语句必须以冒号结尾。

（4）各个 case 和 default 的出现次序可以是任意的。

（5）执行完一个 case 后面的语句后，流程控制转移到下一个 case 继续执行。

（6）break 语句：终止 switch 语句的执行，使流程跳出 switch 结构。例如：当 score 的值为 85 时，s 的值是 8，则执行 printf("B\n")，遇到 break 就不接着执行下面的语句，而是直接退出 switch 结构。

（7）在 case 后面中虽然包含一个以上执行语句，但可以不必用花括弧括起来，会自动顺序执行本 case 后面所有的执行语句。当然加上花括弧也可以。

（8）多个 case 可以共用一组执行语句。例如：

```
case 10:
case 9: printf("A\n");break;
```

当 s 的值为 10 和 9 时都执行同一组语句。

（9）在一个 switch 语句中，最多只能有一个 default 子句。

2　函数的返回值

函数的返回值是指函数被调用之后，执行函数体中的程序段所取得的并返回给主调函数的值。例如：调用数学函数时都会取得相应的值。函数的值只能通过 return 语句返回主调函数。return 语句的一般格式为：

```
return 表达式；
或者  return ( 表达式 );
```

return 语句中的“()”可有可无。该语句的功能是计算表达式的值，并返回给主调函数。在函数中允许有多个 return 语句，但每次调用只能有一个 return 语句被执行，因此只能返回一个函数值。若函数中没有 return 语句，则不能带回一个确定的、用户所希望得到的函数值，而是带回的是一个不确定的值。函数值的类型和函数定义中函数的类型应保持一致，若两者不一致，则以函数类型为准，自动进行类型转换。若函数值为 int，在函数定义时可以省去类型说明。不返回函数值的函数，可用 void 定义为“空类型”，一旦函数被定义为空类型后，就不能在主调函数中使用被调函数的函数值，否则系统报错。为了使程序有良好的可读性并减少出错，凡不要求返回值的函数都应定义为空类型 void。

试一试：如果要求设计一个函数，其功能是把秒数折合成相应的小时：分钟：秒的形式，用目前所学，这个函数是否有参数？是否有返回值？

本任务：设计一个主菜单，由用户选择显示下列哪种图形。

运行结果

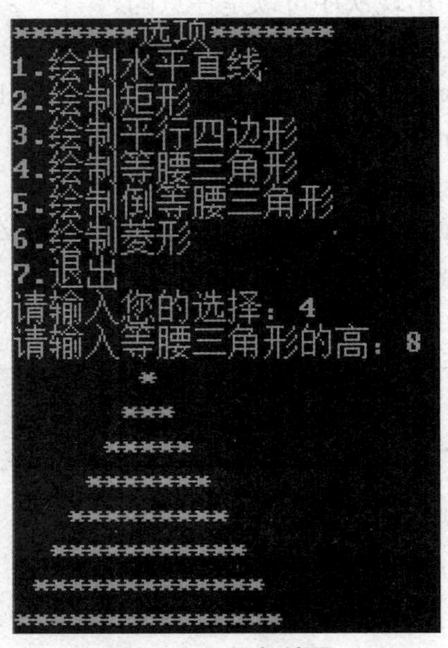

图 2.11 运行结果

步骤一：程序分析

（1）编写 menu() 函数，用来显示主菜单内容，并且获得用户选择结果，把结果作为函数返回值。

（2）在 main() 中，利用 switch 语句，调用对应的图形函数，绘制所需图形。

步骤二：编写代码，如示例代码 2-9 所示：

示例代码 2-9

```
#include <stdio.h>
#include "process.h"
int menu(); // 显示主菜单，返回用户选择
void print_starLine(int n); // 绘制由 n 个 * 组成的线
void print_rectangle(int x,int y); // 绘制由 x 行 y 列个 * 组成的矩形
void print_parallelogram(int x,int y); // 绘制由 x 行 y 列个 * 组成的平行四边形
void print_triangle(int n); // 绘制由 n 行 * 组成的等腰三角形
void print_inverted_triangle(int n); // 绘制由 n 行 * 组成的倒等腰三角形
void print_rhombus(int n);  // 绘制由 2n-1 行 * 组成的菱形
int menu()
{
    int choose;
    printf("******* 选项 *******\n");
    printf("1. 绘制水平直线 \n");
    printf("2. 绘制矩形 \n");
    printf("3. 绘制平行四边形 \n");
    printf("4. 绘制等腰三角形 \n");
    printf("5. 绘制倒等腰三角形 \n");
    printf("6. 绘制菱形 \n");
    printf("7. 退出 \n");
    printf(" 请输入您的选择：");
    scanf("%d",&choose);
    return choose;
}
void print_starLine() // 绘制由 * 组成的线
代码省略
void print_rectangle() // 绘制由 * 组成的矩形
代码省略
void print_parallelogram() // 绘制 * 组成的平行四边形
代码省略
void print_triangle() // 绘制由 * 组成的等腰三角形
代码省略
void print_inverted_triangle() // 绘制由 * 组成的倒等腰三角形
代码省略
```

```
void print_rhombus()   //绘制由 * 组成的菱形
代码省略
void main()
{
    int n;
    n=menu();
    switch(n)
    {
       case 1:print_starLine();break;
       case 2:print_rectangle();break;
       case 3:print_parallelogram();break;
       case 4:print_triangle();break;
       case 5:print_inverted_triangle();break;
       case 6:print_rhombus();break;
       case 7:exit(0);
       default:exit(0);
    }
}
```

拓展任务名称：根据输入的值 (1~7) 不同输出对应的英文星期几。

运行结果

```
input integer number:    5
Friday
Press any key to continue
```

图 2.12　运行结果

编写代码，如示例代码 2-10 所示：

示例代码 2-10

```
#include <stdio.h>
int main(void){
   int a;
   printf("input integer number:    ");
   scanf("%d",&a);
   switch (a){
```

```
        case 1:printf("Monday\n");  break;
        case 2:printf("Tuesday\n");   break;
        case 3:printf("Wednesday\n");  break;
        case 4:printf("Thursday\n");  break;
        case 5:printf("Friday\n");  break;
        case 6:printf("Saturday\n");  break;
        case 7:printf("Sunday\n");  break;
        default:printf("error\n");
    }
    return 0;
}
```

任务四　函数的嵌套调用

函数是 C 源程序的基本结构，通过对函数结构的调用实现特定的功能。由于采用了函数结构式的结构，C 语言易于实现结构化程序设计。使程序的层次结构清晰，便于程序的编写、阅读、调试。

1　函数嵌套调用

函数之间允许相互调用，也允许嵌套调用。main() 是主函数，它可以调用其他函数，而不允许被其他函数调用。函数嵌套调用是指在调用一个函数的过程中，又调用另一个函数。函数嵌套调用正好符合前面所说的结构化程序设计思想，即顶层函数调用第二层函数，第二层函数再调用第三层函数……直到最底层。函数嵌套调用情况如图 2.13 所示。

2　循环跳出语句

（1）break 语句

break 语句有两种用途，可以使用它来终止 switch 语句中的 case 语句，保证多路分支情况的正确执行；也可以使用它来强迫程序立即退出一个循环，跳过正常的循环条件测试（相当于本层循环的断路）。

当在 do-while、for、while 循环语句中遇到 break 语句，循环立即终止，程序转入循环后的下一条语句开始执行。程序员经常会在循环体中使用 break 语句，通常将 break 语句与一个 if 语句配合使用，代表在循环中某个特定条件下可能引起循环的立即终止，即满足条件时便跳出循环。break 语句的流程如图 2.14 所示。

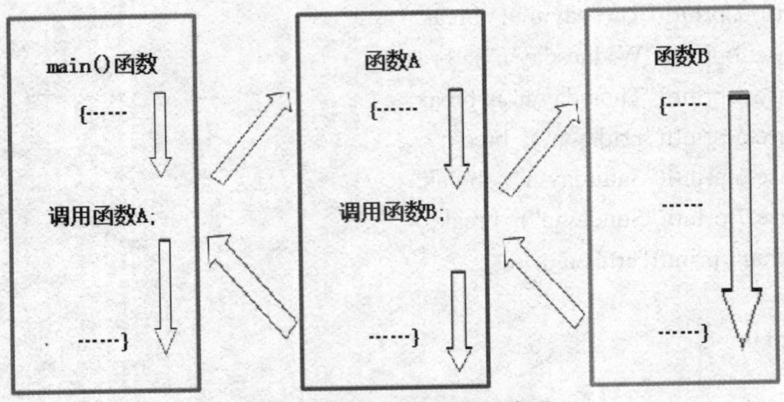

图 2.13　函数嵌套调用示意图

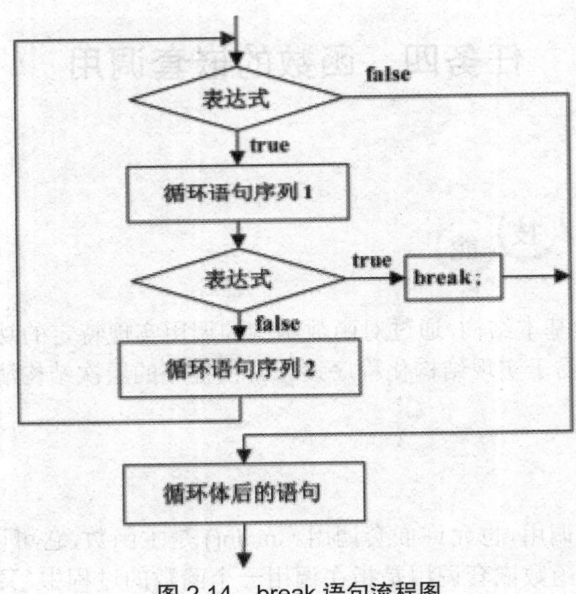

图 2.14　break 语句流程图

举例：当 i 等于 10 时，退出整个循环体，如示例代码 2-11 所示：

示例代码 2-11

```
# include <stdio.h>
void main()
{
   int i;
   for(i=0;i<100;i++)
   {
```

```
        if(i==10) // 当 i 等于 10 时，退出整个循环体
          break;
        printf("%4d",i);
      }
    printf("\n");
}
```

运行结果

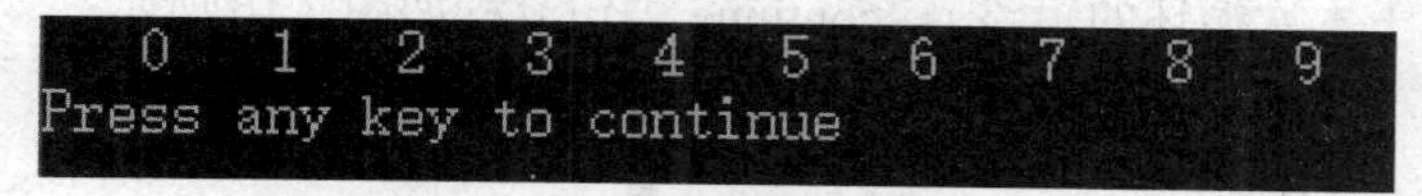

图 2.15　运行结果

程序分析

该示例代码用于在屏幕上显示从 0 到 9 的数字，然后循环终止。这是由于 break 语句导致程序立即退出循环，转而执行循环语句后的“printf("\n"); ”语句，在屏幕输出一个换行符，而没有考虑循环条件测试语句 i<100。

说明

break 语句仅对循环语句起作用，而对 if-else 的条件语句不起作用。break 语句只能出现在循环语句和 switch 语句中，出现在其他语句中均属于不合法语句。

举例：判断给定的整数 n 是否为素数，如示例代码 2-12 所示。

问题分析：判断 n 是否为素数从 2 开始除，直到 n-1，若没有能整除的，则 n 是素数。改进方法是从 2 除到 n 的平方根即可，想想为什么？

示例代码 2-12

```
#include <stdio.h>
#include <math.h>
void main()
{
  int n,i;
  printf("Please input integer n:");
  scanf("%d",&n);
  i=2;
  for(i=2;i<=sqrt(n);i++)
  {
   if(n%i==0)
     break;
  }
  if(i>sqrt(n))
```

```
        printf("%d is a prime number.\n",n);
    else
        printf("%d is not a prime number.\n",n);
}
```

（2）continue 语句

continue 语句有点像 break 语句，continue 语句仅能用于循环语句中，但它并不能终止本层循环，而只是绕过本次循环，即 continue 只能跳过循环体中 continue 后面的语句，强行进入下一次的循环（相当于本次循环的短路）。continue 语句流程如图 2.16 所示：

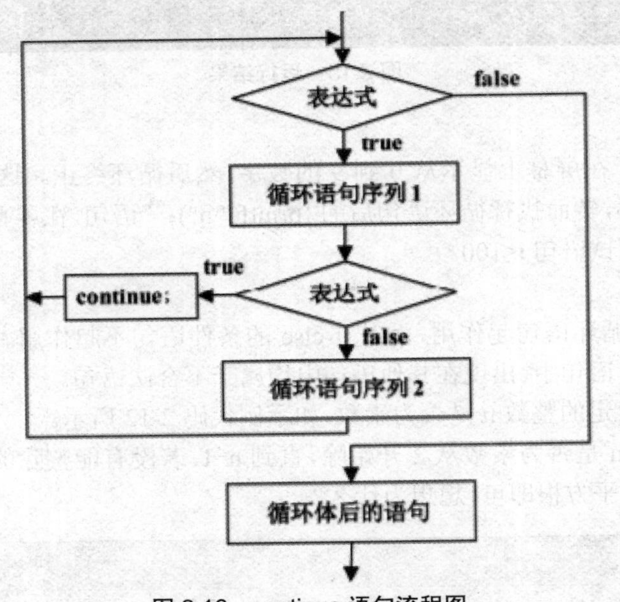

图 2.16　continue 语句流程图

在 for 循环语句中遇到 continue 后，首先执行程序的增量部分，然后进行条件测试。判断是否进入下一次循环。在 while 和 do-while 语句中遇到 continue 语句后，程序控制直接回到条件测试部分。

举例：当 i 等于 10 时，退出本次循环，如示例代码 2-13 所示：

示例代码 2-13

```
#include <stdio.h>
void main()
{
    int i;
    for(i=0;i<100;i++)
    {
        if(i==10) // 当 i 等于 10 时，退出本次循环
```

```
        continue;
      printf("%4d",i);
      }
    printf("\n");
  }
```

运行结果

```
   0   1   2   3   4   5   6   7   8   9  11
  12  13  14  15  16  17  18  19  20  21  22
  23  24  25  26  27  28  29  30  31  32  33
  34  35  36  37  38  39  40  41  42  43  44
  45  46  47  48  49  50  51  52  53  54  55
  56  57  58  59  60  61  62  63  64  65  66
  67  68  69  70  71  72  73  74  75  76  77
  78  79  80  81  82  83  84  85  86  87  88
  89  90  91  92  93  94  95  96  97  98  99

Press any key to continue
```

图 2.17　运行结果

程序分析

示例代码 2-12 与示例代码 2-13 内容基本相同，仅将 break 替换为 continue。此时，屏幕上显示效果如图 2-17 所示。不难看出，continue 语句仅当 i==10 时跳过后面的“printf("%4d",i);”语句。但此时并未退出循环，而仅是跳出本次循环，继续执行后续的循环，即从 i=11 开始继续循环。

举例，编写程序把 0 ～ 200 之间的不能被 11 整除的数输出，每行输出 5 个数。

示例代码 2-14

```
#include <stdio.h>
void main()
{
 int n,count=0;
 for(n=0;n<=200;n++)
 {
  if (n%11==0)
    continue;
  count++;
  if (count%5==0)
    printf("%d\n",n);
  else
```

```
        printf("%d\t",n);
    }
}
```

本任务:编写程序,在屏幕中央显示如下图形。

运行结果:

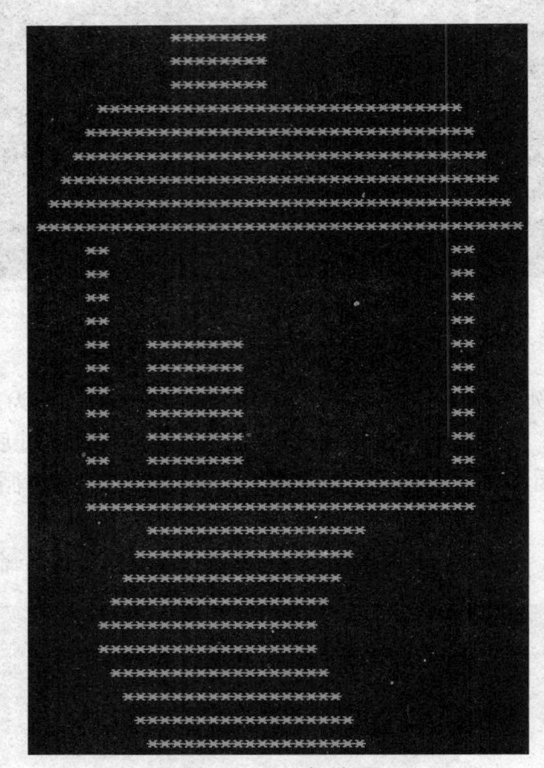

图 2.18　运行结果

步骤一:程序分析

(1)分析整个图形由几部分组成,烟囱是矩形,屋顶是梯形,房屋主体是分为上中下三部分,小径由 2 个平行四边形组成。

(2)考虑在屏幕中央显示图形,意味着每行首先都必须输出若干空格。编制一个函数专门用来输出若干空格,然后其他函数有需要时直接调用即可。

步骤二:编写代码,如下所示:

示例代码 2-15

```
#include <stdio.h>
```

```
void print_chimney(int n,int x,int y);
 // 绘制由 x 行 y 列个 * 组成的烟囱,起始点水平位置为 n+1
void print_roof(int n,int x,int y);
 // 绘制高度为 x,房顶宽度为 y 的屋顶,起始点水平位置为 n+1
void print_wall(int n,int x,int y);
 // 绘制高度为 x,宽度为 y 的墙,起始点水平位置为 n+1
void print_path(int n,int x,int y); // 绘制屋前小径,起始点水平位置为 n+1
void print_left_parallelogram(int n,int x,int y);
 // 绘制由 x 行 y 列个 * 组成的左右平行四边形,起始点水平位置为 n+1
void print_right_parallelogram(int n,int x,int y);
 // 绘制由 x 行 y 列个 * 组成的左右平行四边形,起始点水平位置为 n+1
void print_space(int n); // 绘制 n 个空格

void print_space(int n)  // 绘制 n 个空格
{
  int j;
  for(j=1;j<=n;j++)
      printf(" ");
}

void print_chimney(int n,int x,int y)
 // 绘制由 x 行 y 列个 * 组成的烟囱,起始点水平位置为 n+1
{
  int i,j;
  for(i=1;i<=x;i++)
  {
     print_space(n);
     for(j=1;j<=y;j++)
        printf("*");
     printf("\n");
  }
}

void print_roof(int n,int x,int y)
 // 绘制高度为 x,房顶宽度为 y 的屋顶,起始点水平位置为 n+1
{
```

```
  int i,j;
  for(i=1;i<=x;i++)
  {
    print_space(n);
    for(j=1;j<=x-i;j++)
       printf(" ");
    for(j=1;j<=2*(i-1)+y;j++)
       printf("*");
    printf("\n");
  }
}

void print_wall(int n,int x,int y)
 // 绘制高度为 x，宽度为 y 的墙，起始点水平位置为 n+1
{
  int i,j;
  for(i=1;i<=x;i++)
  {
      print_space(n);
      if (i<=x/3)
      {
        printf("**");
        for(j=1;j<=y-2*3;j++)
          printf(" ");
        printf("**");
      }
      else if(i<=x-2)
      {
        printf("**");
        print_space(3);
        for(j=1;j<=8;j++)  // 绘制房门
           printf("*");
        for(j=14;j<=y-4;j++)
           printf(" ");
        printf("**");
                                  }
     else
```

```
        {
            for(j=1;j<=y-2;j++)
                printf("*");
        }
        printf("\n");
    }
}

void print_left_parallelogram(int n,int x,int y)
// 绘制由 x 行 y 列个 * 组成的左右平行四边形,起始点水平位置为 n+1
{
  int i,j;

  for(i=1;i<=x;i++)
  {
      print_space(n);
      for(j=1;j<=i-1;j++)
        printf(" ");
      for(j=1;j<=y;j++)
        printf("*");
     printf("\n");
  }
}

void print_right_parallelogram(int n,int x,int y)
// 绘制由 x 行 y 列个 * 组成的右左平行四边形,起始点水平位置为 n+1
{
  int i,j;
  for(i=1;i<=x;i++)
  {
      print_space(n);
      for(j=1;j<=x-i;j++)
        printf(" ");
      for(j=1;j<=y;j++)
        printf("*");
      printf("\n");
  }
```

```
}

void print_path(int n,int x,int y)// 绘制屋前小径,起始点水平位置为 n+1
{
   print_right_parallelogram(n,x,y);
     print_left_parallelogram(n,x,y);
}

void main()
{
  print_chimney(26,3,8); // 绘制烟囱
  print_roof(15,6,30); // 绘制屋顶
  print_wall(19,12,34); // 绘制墙
  print_path(20,5,18); // 绘制小径
}
```

拓展任务名称:打印九九乘法表。

运行结果

```
                              九九乘法表
                           ------------------
1*1= 1  1*2= 2  1*3= 3  1*4= 4  1*5= 5  1*6= 6  1*7= 7  1*8= 8  1*9= 9
2*1= 2  2*2= 4  2*3= 6  2*4= 8  2*5=10  2*6=12  2*7=14  2*8=16  2*9=18
3*1= 3  3*2= 6  3*3= 9  3*4=12  3*5=15  3*6=18  3*7=21  3*8=24  3*9=27
4*1= 4  4*2= 8  4*3=12  4*4=16  4*5=20  4*6=24  4*7=28  4*8=32  4*9=36
5*1= 5  5*2=10  5*3=15  5*4=20  5*5=25  5*6=30  5*7=35  5*8=40  5*9=45
6*1= 6  6*2=12  6*3=18  6*4=24  6*5=30  6*6=36  6*7=42  6*8=48  6*9=54
7*1= 7  7*2=14  7*3=21  7*4=28  7*5=35  7*6=42  7*7=49  7*8=56  7*9=63
8*1= 8  8*2=16  8*3=24  8*4=32  8*5=40  8*6=48  8*7=56  8*8=64  8*9=72
9*1= 9  9*2=18  9*3=27  9*4=36  9*5=45  9*6=54  9*7=63  9*8=72  9*9=81
Press any key to continue
```

图 2.19 运行结果

编写代码,如示例代码 2-16 所示:

示例代码 2-16

```
#include<stdio.h>
void main()
{
```

```
        printf("\t\t\t\t 九九乘法表 \n");
        printf("\t\t\t -----------------\n");
        for(int i=1;i<=9;i++) // 输出行
        {
          for(int j=1;j<=9;j++) // 输出每行的列数
          {
              printf("%d*%d=%2d\t",i,j,i*j);
          }
          printf("\n");
        }
    }
```

程序说明

打印九九乘法表，只要利用两重循环嵌套就可以。将两重循环控制变量分别作为乘数和被乘数就可以方便的解决问题，其执行过程如图 2-20 所示。

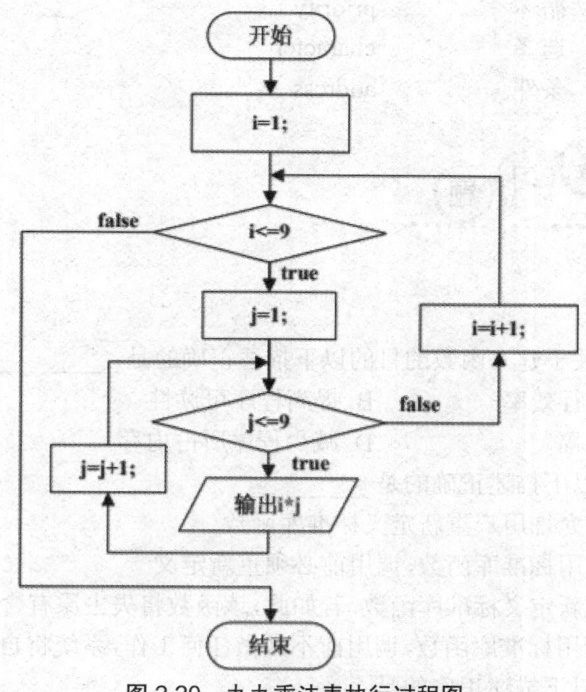

图 2.20　九九乘法表执行过程图

本项目通过 4 个任务，对 C 语言中函数技能点进行了深入的学习，使大家对 C 语言程序

有了初步的了解和认识，掌握了使用函数进行编程以满足用户需求的能力。同时，掌握了结构化编程的编写思路，能够使用函数创建高效的程序。请根据如下表格查验是否掌握本项目的所学内容。

内容	是否掌握
for 语句及其应用	□掌握　□未掌握
函数的定义和函数调用	□掌握　□未掌握
switch 语句及其应用	□掌握　□未掌握

declaration	声明	operation	运算
structure	结构	relational expression	关系表达式
circle	循环	priority	优先
select	选择	character	字符
condition	条件	address	地址

一、选择题

1. 在 C 语言中，关于建立函数的目的以下描述正确的是 ________。
   A. 提高程序执行效率　　B. 提高程序可读性
   C. 减少程序篇幅　　D. 减少程序所占内存
2. 在 C 语言中，以下描述正确的是 ________。
   A. 系统根本不允许用户重新定义标准库函数
   B. 用户若需调用标准库函数，调用前必须重新定义
   C. 用户可以重新定义标准库函数，若如此，该函数将失去原有含义
   D. 用户若需调用标准库函数，调用前不必做任何工作，系统将自动去调用
3. 在 C 语言中，以下描述正确的是 ________。
   A. 形参是虚拟的，不占用存储单元
   B. 实参和与其对应的形参共占用一个存储单元
   C. 实参和与其对应的形参各占用独立的存储单元
   D. 只有当实参和与其对应的形参同名时才共占用存储单元
4. 若调用一个函数，且此函数中没有 return 语句，则正确的描述是该函数 ________。
   A. 没有返回值

B. 返回若干个系统默认值
C. 能返回一个用户所希望的函数值
D. 有返回值，但返回一个不确定的值

5. 按照 C 语言的规定，以下描述不正确的是 ________。
A. 实参可为任意类型　　B. 形参与其对应实参类型可不一致
C. 形参可是常量、变量或表达式　　D. 函数调用时，实参必须有确定的值

二、填空题

1. C 语言规定，简单变量做实参时，它和对应形参之间的数据传递方式是 ________。
2. C 语言规定，函数返回值的类型是由 ________。
3. 函数调用 func((a,b,c,d),(e,f,g)) 中含有实参的个数为 ________。
4. 所有程序都是从________开始执行。
5.________语句是开关语句，也称多分支选择语句，用来实现多分支选择结构。

三、上机题

对任务 4 的代码进行改进，使之更加简洁，更充分利用自定义函数，示例代码如下所示：

示例代码 2-16

```
#include <stdio.h>
void print_chimney(int n,int x,int y);
 // 绘制由 x 行 y 列个 * 组成的烟囱，起始点水平位置为 n+1
void print_roof(int n,int x,int y);
 // 绘制高度为 x，房顶宽度为 y 的屋顶，起始点水平位置为 n+1
void print_wall(int n,int x,int y);
// 绘制高度为 x，宽度为 y 的墙，起始点水平位置为 n+1
void print_path(int n,int x,int y); // 绘制屋前小径，起始点水平位置为 n+1
void print_left_parallelogram(int n,int x,int y);
 // 绘制由 x 行 y 列个 * 组成的左右平行四边形，起始点水平位置为 n+1
void print_right_parallelogram(int n,int x,int y);
 // 绘制由 x 行 y 列个 * 组成的右左平行四边形，起始点水平位置为 n+1
void print_space(int n); // 绘制 n 个空格
void print_star(int n); // 绘制 n 个 *

void print_space(int n) // 绘制 n 个空格
{
  int j;
  for(j=1;j<=n;j++)
     printf(" ");
```

```
}

void print_star(int n)  // 绘制 n 个 *
{
  int j;
  for(j=1;j<=n;j++)
      printf("*");
}

void print_chimney(int n,int x,int y)
 // 绘制由 x 行 y 列个 * 组成的烟囱,起始点水平位置为 n+1
{
  int i;
  for(i=1;i<=x;i++)
  {
      print_space(n);
      print_star(y);
      printf("\n");
  }
}

void print_roof(int n,int x,int y)
 // 绘制高度为 x,房顶宽度为 y 的屋顶,起始点水平位置为 n+1
{
  int i;
  for(i=1;i<=x;i++)
  {
     print_space(n);
     print_space(x-i);
     print_star(2*(i-1)+y);
     printf("\n");
  }
}

void print_wall(int n,int x,int y)
 // 绘制高度为 x,宽度为 y 的墙,起始点水平位置为 n+1
{
  int i;
```

```
    for(i=1;i<=x;i++)
    {
      print_space(n);
      if (i<=x/3)
       {
         print_star(2);
         print_space(y-2*3);
         print_star(2);
       }
      else if(i<=x-2)
             {
                 print_star(2);
                 print_space(3);
                 print_star(8); // 绘制房门
                 print_space(17);
                 print_star(2);
             }
             else
             {
                 print_star(y-2);
             }
      printf("\n");
    }
}

void print_left_parallelogram(int n,int x,int y)
 // 绘制由 x 行 y 列个 * 组成的左右平行四边形，起始点水平位置为 n+1
{
  int i;
  for(i=1;i<=x;i++)
  {
    print_space(n);
    print_space(i-1);
    print_star(y);
    printf("\n");
  }
}
```

```
void print_right_parallelogram(int n,int x,int y)
 //绘制由 x 行 y 列个 * 组成的右左平行四边形,起始点水平位置为 n+1
{
  int i;
  for(i=1;i<=x;i++)
  {
     print_space(n);
     print_space(x-i);
     print_star(y);
     printf("\n");
  }
}
void print_path(int n,int x,int y)// 绘制屋前小径,起点水平位置 n+1
{
   print_right_parallelogram(n,x,y);
   print_left_parallelogram(n,x,y);
}
void main()
{
  print_chimney(26,3,8); // 绘制烟囱
  print_roof(15,6,30); // 绘制屋顶
  print_wall(19,12,34); // 绘制墙
  print_path(20,5,18); // 绘制小径
}
```

项目三　万年历

通过编写万年历程序，介绍符号常量的用法，数组在程序中的重要性以及变量的使用方式，实现可以在屏幕上显示任意指定年份的日历。在任务实现过程中：

- 了解符号常量的用法。
- 掌握一维数组的定义和使用。
- 掌握二维数组及字符数组的定义和使用。
- 掌握逻辑运算，学会编写复杂条件。
- 具备函数嵌套调用及函数之间数据传输的能力。

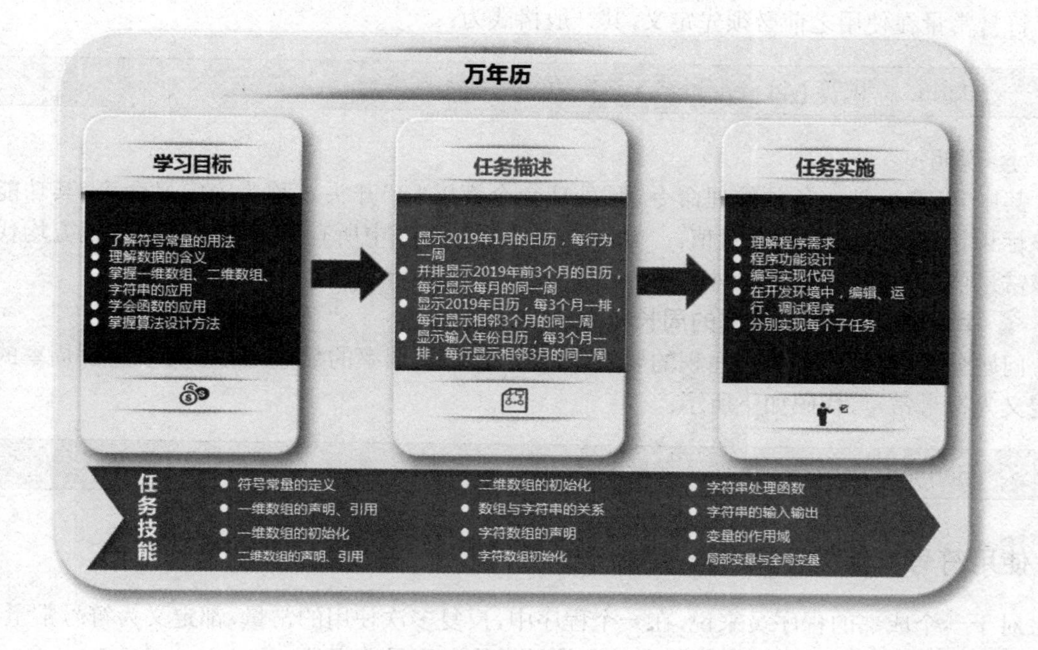

在学习本章之前，了解计算机的基础知识，对各类编程语言有所涉及，能够理解结构化程序设计、流程图的内容和格式。

任务一 在屏幕上显示 2019 年 1 月的日历，每行一周

在 C 语言中，可以用一个标识符来表示一个常量，称之为符号常量。从形式上看，符号常量是标识符，像变量，但实际上它是常量，其值在程序运行过程中不能改变。

符号常量是一个常量，不是变量，在编译的时候，就把符号常量出现的地方，替换为符号常量对应的常量。符号常量一般是用户定义一个全局使用的数据，而且要改变该数据的时候，只需要改变符号常量的值，代码中引用符号常量的地方，都会把值相应的修改过来。以下通过介绍符号常量的定义和使用符号常量的原因来体现其在程序中的作用。

1 符号常量的定义

符号常量在使用之前必须先定义，其一般格式为：

```
#define 标识符 ( 符号常量名 ) 常量值
```

说明：

其中 #define 是一条预处理命令（预处理命令都以"#"开头），称为宏定义命令，其功能是把该标识符定义为其后的常量值。一经定义，以后在程序中所有出现该标识符的地方均代之以该常量值（双引号括起的除外）。

举例：求已知半径的圆的周长和面积

问题分析：根据求周长和面积的要求，要两次使用圆周率的数值，因此，可以将圆周率的数值定义为符号常量，代码如下所示：

```
#define PI 3.1415   /* 符号常量 PI 代表圆周率 */
```

2 使用符号常量的原因

对于一个成熟的程序员来说，在一个程序中，反复多次使用的常量，都定义为符号常量，这是为什么呢？这主要是因为在程序中使用符号常量有明显的好处。

（1）见名知意，清晰明了。为了便于记忆，常常用一个能够表示意义的单词或字母组合来为符号常量命名，增强了程序的可读性。

（2）避免反复书写，减少出错率。如果一个程序中多次使用一个常量，就要多次书写，而定义了符号常量，只需要书写一次数值，在使用的地方用符号替代就可以了，能够有效地减少出错概率。

（3）一改全改，方便实用。当程序中多次出现的同一个常量需要修改时，必须逐个修改，很可能出错。而用符号常量，在需要修改时，只需修改定义，就可以做到“一改全改”，非常方便。

本任务：在屏幕上显示 2019 年 1 月的日历，每行一周。

运行结果

图 3.1　运行结果

步骤一：需求分析

（1）本程序分为两部分，第一部分是输出日历表头，第二部分是输出当月日历。

（2）输出日历表头，使用 printf()，为了简洁，尽量使用循环。

（3）输出日历时，使用双重循环，外层是控制日历行数，内层是控制每周的 7 天。

（4）输出当月日历还要解决 3 个问题，一是分析每个月份最多输出几行；二是当月 1 日，从第一行什么位置开始；三是在日历中如何判断当前位置是输出日期还是空白。

步骤二：编写代码，如示例代码 3-1 所示：

示例代码 3-1

```
#define YEAR  2019
#include <stdio.h>
void main()
{ int month=1, m_data=-2;  // 输出 2019 年 1 月的日历
 int i, j;
 // 输出月份头
 printf("%10d 年 \n", YEAR);
```

```
    printf("*%2d*          %s     ", month, "Jan");
    printf("\n");
    printf("SU MO TU WE TH FR SA     ");
    printf("\n");
    for(j=0; j<20; j++)
        printf("-");
    printf("\n");
    // 输出日历
    for(i=0; i<6; i++)// 每月最多 6 行
    {
        for(j=0; j<7; j++)// 一个月段输出一个星期的数据
        {
          m_data++; //2019 年 1 月 1 日是星期二 m_data=-2
          if(m_data<1| |m_data>31)
             printf("   "); // 当日期不在本月日期范围时输出空
          else
             printf("%2d ", m_data); // 日期在本月范围时输出日期到对应位置
        }
        printf("\n");
    }
}
```

拓展任务名称：定义符号常量的值，并赋值给变量进行输出。

运行结果

```
A = 100
x = 100, y = 100, z = 100
name = C
Press any key to continue
```

图 3.2 运行结果

程序分析

通过 #define 关键字，我们定义了符号 A 表示 100 这个数值，符号 name 表示 'C' 这个数值。符号 A 是一个符号常量，它的数值不可以改变，分别赋值给变量 x、y、z 进行输出。

编写代码，如示例代码 3-2 所示：

示例代码 3-2

```
#include <stdio.h>
#define A 100
#define name 'C'
int main()
{
    int x，y，z;
    x = A;
    y = A;
    z = A;
    printf("A = %d\n"，A);
    printf("x = %d，y = %d，z = %d\n"，x，y，z);
    printf("name = %c\n"，name);
    return 0;
}
```

说明：本程序中 main() 被定义为 int，所以在 main() 函数体中，需要有 return 语句，返回一个整数值。

任务二　并排显示 2019 年前 3 个月的日历，每行显示每个月的同一周

数组包含给定类型的一些对象，并将这些对象依次存储在连续的内存空间中。每个独立的对象被称为数组的元素。元素的类型可以是任何对象类型，但函数类型或不完整类型不能作为数组元素。数组本身也是一个对象，其类型由它的元素类型延伸而来。更具体地说，数组的类型由元素的类型和数量所决定。

1　为什么要用数组

前面已经学习了整型和字符型变量，通过它们可以描述生活中单个事物的某些主要特性。例如用一个整型变量 a1 来存储一个学生某门课程的成绩，用另一个变量 a2 来存储另一个学生这门课程的成绩，依此类推，用变量 an 来存储第 n 个学生该门课程的成绩。但是，变量在这

种方式下对计算机来说是互相独立的、毫不相干的，也就是说这种方式不能体现数据之间存在的联系。因为计算机只知道这些变量存放着一些值，至于这些值代表什么意义，它们之间有怎样的联系或怎样的顺序关系，变量是没办法描述，计算机也无法了解的。

因此，C 语言引入了数组的概念，是为了方便在计算机中描述事物的某些特征及这些特征之间的联系。数组相当于由若干数据类型相同的变量组成的一个有序的集合，可以通过一个统一的数组名称和一个位置编号的方式来访问数组中的数据。

下面通过图 3.3 介绍一个整型一维数组 a，该数组中包含 10 个元素，用来表示 10 个学生的成绩。

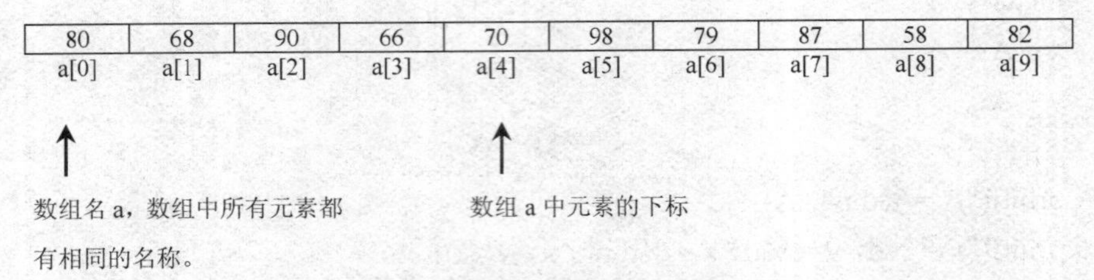

图 3.3 整型数组 a 的结构

通过数组名及其后面方括号 [] 内的下标，就可以引用数组中的元素。数组中第一个元素是下标为 0 的元素。因此，数组 a 的第 1 个元素记为 a[0]，数组 a 的第 2 个元素记为 a[1]，依此类推，数组 a 的第 10 个元素记为 a[9]，一般来说，数组 a 的第 n 个元素记为 a[n-1]。

引入数组后，许多需要循环处理的问题就变得更方便解决了。此时，我们无需声明多个变量，并逐个为它们赋值或输出结果，而是通过数组的形式利用循环结构来声明或引用这些变量。

可见，数组是一组相关的存储单元，它们都具有相同的名称和数据类型。通过数组名和数组中指定元素的下标来引用该数组元素。在 C 语言中，没有提供动态数组类型，即一旦声明一个数组后，也就确定了它包含元素的个数。数组具有两个特点：

（1）数组长度确定好后，不能改变，也就是说，C 语言中不允许动态声明数组。

（2）数组元素的数据类型必须相同的，不能出现混合类型。

在 C 语言中，数组属于构造数据类型。一个数组可以分解为多个数组元素，这些数组元素可以是基本数据类型或是构造类型。因此按数组元素的类型不同，数组可分为数值数组、字符数组、指针数组、结构数组等各种类别。根据数据集的相互关系，数组又可分为一维数组、二维数组和多维数组。其中，一维数组用于存放线性队列的数据；二维数组用于储存二维表格或矩阵；多维数组可以存储更多的数据和体现数据间更复杂的关系。

2 一维数组的引用

声明了数组以后，如何来使用数组中的元素呢？C 语言规定只能逐个引用数组元素而不能一次引用整个数组，数组元素是组成数组的基本单元。数组元素也是一种变量，其标识方法为在数组名后跟一个下标，下标表示了元素在数组中的顺序号。一维数组的引用格式如下：

```
数组名 [ 下标 ]
```

虽然数组声明和数组元素的引用格式类似，但它们含义不同，如：

```
int num[3];  /* 表示数组 a 共有 3 个元素 */
num[3]=1;  /* 表示数组 a 中下标为 3 的元素 */
```

引用一维数组时应注意：

（1）数组名是表示要引用哪一个数组中的元素，这个数组必须已经声明。

（2）下标用一对中括号 [] 括起来，它表示要引用数组中的第几个元素，可以是变量表达式，也可以是常量表达式。如为小数时，C 编译将自动取整。举例如下代码所示：

```
num[3];
num[i+j];
num[i++];
```

（3）C 语言规定，数组下标从 0 开始。一个含有 n 个元素的数组，数组下标的取值范围为 0~n−1，举例如下代码所示：

```
int num[3], k=10;
num[0]=k;
```

其中，整型数组 num 的下标只能取 0、1、2 三个值，即可以引用数组元素 num[0]、num[1]、num[2]。

如将上述程序段中第二行改为：num [3] =k；则错误，引用 num[3] 是超界的，它表示数组中的第四个元素。C 语言编译时并不指出“下标超界”的错误，而是把 num[2] 下面一个单元的内容作为 num[3] 引用，从而引起程序潜在的错误。因此，引用数组元素时要特别小心。

举例：使用循环实现一维数组的输入输出，如示例代码 3-3 所示：

示例代码 3-3

```
#include <stdio.h>
void main()
{
  int a[10], i;            /* 声明整型数组 a*/
  printf("Enter 10 Integral Numbers: \n");
  for (i=0; i<10; i++)
  /* 变量 i 的取值范围为从 0 至 9，不能取 10，否则出现数组下标超界问题 */
    scanf("%d", &a[i]);   /* 依次将键盘上输入的整数赋给第 i 个数组元素 */
  printf("Print 10 Integral Numbers: \n");
  for(i=9; i>=0; i--)
    printf("%d ", a[i]);   /* 按变量 i 的值，依次将数组中的元素从后向前输出 */
}
```

程序说明:

scanf() 不能一次接收整个数组的值,如果写成:scanf("%d",&a) 是错误的。使用 scanf() 对数组元素 a[i] 赋值时,与简单变量一样,必须在数组元素前加上取地址符"&",如 scanf("%d",&a[i]);。

3 一维数组的初始化

与使用变量一样,一维数组在使用之前必须进行声明。一维数组的声明格式如下:

```
数据类型 数组名 [ 常量表达式 ];
```

举例:

```
int a[10];    /* 整型数组 a,由 10 个元素组成,即数组长度为 10*/
char c[5];    /* 字符型数组 c,由 5 个元素组成,即数组长度为 5*/
```

说明:

(1) 数据类型用来声明数组中各个数据元素的类型,如 int、float、char 等。在任何一个数组中,数据元素的类型都是一致的。

(2) 数组名的命名规则与变量名的命名规则一样。

(3) 数组名中存放的是一个地址常量,它代表整个数组的首地址。同一数组中的所有元素,在内存单元中按其下标的顺序占用一段连续的存储单元。一维数组的逻辑结构与存储结构是相同的,数组 a 的存储结构为:

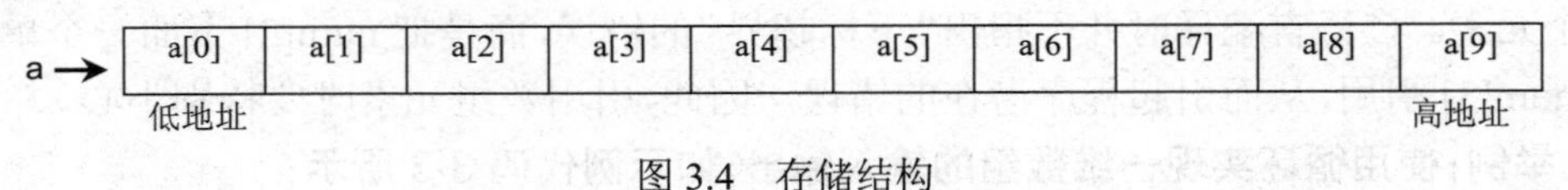

图 3.4 存储结构

(4) 常量表达式的值表示数组元素的个数。常量表达式必须是整数或者整数表达式而不能有变量。常量表达式放在一对中括号 [] 中。

数组声明后,必须对其元素进行初始化。数组初始化是指在数组声明时给数组元素赋予初值。可以在运行时显示初始化数组,也可以像普通变量一样,在声明数组同时初始化数组元素。这种方法是在编译阶段进行的,可以减少运行时间,提高效率。一维数组的初始格式如下:

```
数据类型 数组名 [ 常量表达式 ] = { 初值表 }
```

其中在初值表中的各数据值即为各元素的初值,各值之间应用逗号间隔。C 语言对数组的初始化包含如下几种情况:

(1) 数组全部元素初始化,举例如下:

```
int a[10]={0,1,2,3,4,5,6,7,8,9};
```

等价于：

```
a[0]=0; a[1]=1; a[2]=2; ……; a[9]=9;
```

0	1	2	3	4	5	6	7	8	9
a[0]	a[1]	a[2]	a[3]	a[4]	a[5]	a[6]	a[7]	a[8]	a[9]

图 3.5　存储结构

为数组元素全部赋初值时，可以不指定数组的大小，系统将自动根据初值个数决定数组长度。上例可改写为：

```
int a[ ]={0,1,2,3,4,5,6,7,8,9};
```

（2）数组部分元素初始化。

当初值表中值的个数少于元素个数时，只给前面部分元素赋值，其余的元素自动被赋值为0，例如 int a[10]={0,1,2,3,4};，可做如下表示：

0	1	2	3	4	0	0	0	0	0
a[0]	a[1]	a[2]	a[3]	a[4]	a[5]	a[6]	a[7]	a[8]	a[9]

图 3.6　存储结构

表示只给 a[0]~a[4] 这 5 个元素赋值，而后 5 个元素自动赋 0 值。

说明：

在 C 语言中，数组的初始化只能给元素逐个赋值，不能给数组整体赋值，例如，给数组 a 的 10 个元素全部赋值为 1，只能写为：

```
int a[10]={1,1,1,1,1,1,1,1,1,1}; 或，int a[ ]={1,1,1,1,1,1,1,1,1,1};
```

而不能写为：

```
int a[10]=1;
```

4　程序实例

举例：求某个学生的总成绩，如示例代码 3-4 所示：

示例代码 3-4

```
#include <stdio.h>
void main()
{
   int i,sum=0,a[5];
   printf("input 5 grades:\n");
```

```
    for(i=0; i<5; i++)
    {
      printf("Subject%d: ", i+1);
      scanf("%d", &a[i]);    /* 使用循环逐个为数组 a 的 5 元素赋初值 */
      sum=sum+a[i];    /* 每科成绩进行累加求和 */
    }
    printf("Sum=%d\n", sum); /* 总成绩按整型输出结果 */
}
```

运行结果

```
input 5 grades:
Subject1:92
Subject2:93
Subject3:98
Subject4:95
Subject5:94
Sum=472
Press any key to continue
```

图 3.7 运行结果

程序说明

这是一个典型的一维数组应用，某个学生的各科成绩以数组形式存放，并通过循环结构逐个引用数组元素进行累加。数组下标从 0 开始，因而输出课程号时要加 1。

举例

将数组中的元素逆序排放，如示例代码 3-5 所示：

示例代码 3-5

```
#define N 10    /* 声明符号常量 */
#include <stdio.h>
void main()
{
  int i, j, temp, a[N];    /* 用符号常量指定数组的大小 */
  printf("Numbers before sorting\n");
  for(i=0; i<N; i++)
  {
    a[i]=i+1;    /* 在循环中使用计算来初始化数组元素 */
    printf("%-3d", a[i]);
  }
  for(i=0; i<(N-1)/2; i++)    /* 数组元素逆序存放 */
  {
```

```
        temp=a[i];
        a[i]=a[N-1-i];
        a[N-1-i]=temp;
      }
      printf("\n");
      printf("Numbers after sorting\n");
      for(i=0; i<N; i++)
         printf("%-3d",a[i]);
      printf("\n");
   }
```

运行结果

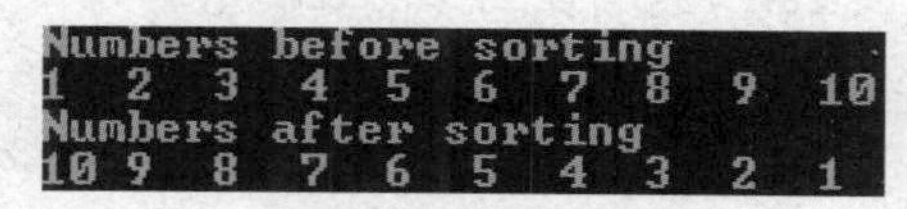

图 3.8　运行结果

程序说明

①同一数组内将元素逆存放时，循环的终止条件应为数组长度的一半。否则，从第 N/2 次循环后，被逆序交换后的元素又重新进行新一轮的交换，结果仍为原数组。②另一种方法是：建立一个与原数组相同类型和大小的新数组，然后将原数组元素从后向前依次存入新数组中。提示：将数组元素逆序存放循环结构改为“for(i=0; i<N; i++) b[N-1-i]=a[i]; ”。

本任务：在屏幕上并排显示 2019 年前 3 个月的日历，每行显示每个月的同一周。

运行结果

图 3.9　运行结果

步骤一：程序分析

（1）本程序依然分为两部分，一是日历表头，二是日历。

（2）输出日历表头时，考虑第三行、第四行可以利用循环，使得代码简洁明了。

（3）输出日历时，使用三层循环嵌套，第一层（最外层）是控制日历行数；第二层（中间层）是控制每行中不同月段；第三层（最内层）是每个月中一周的7天。

（4）因为3个月所需数据类型一致，所以考虑利用一维数组存储每月的天数和每月首日的初始值。

步骤二：编写代码，如示例代码3-6所示：

示例代码3-6

```
#define  YEAR  2019
#include <stdio.h>
void main()
{
   int daytab[3]={31,28,31};// 每月的天数
   int m_data[3]={-2,-5,-5};// 每月第一天的开始位置
   int month=1;// 输出2019年1—3月的日历
   int i,l,j;
   // 输出日历表头
   printf("%40d 年 \n",YEAR);
   printf("*%2d*            %s     ",month,"Jan");
   printf("*%2d*            %s     " ,month+1,"Feb");
   printf("*%2d*            %s",month+2,"Mac");
   printf("\n");
   for(i=0;i<3;i++)
      printf("SU MO TU WE TH FR SA     ");// 输出一排3个月的星期标题
   printf("\n");
   for(i=0;i<3;i++)// 输出横线
      { for(j=0;j<20;j++)
           printf("-");
        printf("     ");
      }
   printf("\n");
   // 输出日历
   for(l=0;l<6;l++)// 每月最多6行
   {
      for(i=0;i<3;i++)// 一行3个月段
      {
        for(j=0;j<7;j++)// 一个月段输出一个星期的数据
        {
           m_data[month+i-1]++;// 例如2019年1月1日是星期二 m_data[0]=-2
```

```
            if(m_data[month+i-1]<1||m_data[month+i-1]>daytab[month+i-1])
                printf("   ");// 当日期不在本月日期范围是输出空
            else
                printf("%2d ",m_data[month+i-1]);// 日期在本月范围输出日期到对应位
置
        }
        printf("   ");
      }
      printf("\n");
    }
}
```

拓展任务名称：用数组求解 100 个人的平均成绩和高于平均分的人数。

运行结果

```
第 95个学生的成绩:   83
第 96个学生的成绩:   25
第 97个学生的成绩:   59
第 98个学生的成绩:   62
第 99个学生的成绩:   2
第100个学生的成绩:   78
平均分为: 53.480000
高于平均分的人数有: 52
请按任意键继续. . .
```

图 3.10　运行结果

程序分析

在第一个程序代码段中，语句：

```
printf(" 请输入第 %d 位学生的成绩：",i+1);
scanf("%d",&mark);
```

虽然只有两句话，但在循环体中需要执行 100 次，运行时需要输入 100 个成绩，调试程序时花费很多时间。为了简化测试数据的输入，在此使用随机函数 rand() 产生了一定范围内的数据。rand() 的函数定义在库文件 stdio.h 中，所以使用之前应该用预处理命令 include 包含该文件。

rand() 函数能产生位于 0~32767 之间的整数，本例中要求分数的范围是 0~100 之间，因此我们对该数据进行了处理，使其能满足程序的需要。具体的处理语句是：rand()%101，此时随机数的范围为 0~100 之间。

程序运行后，所能得到平均分和高于平均分的人数基本在50左右，这是因为随机函数产生的结果分布概率是均匀的。

编写代码，如示例代码3-7所示：

示例代码3-7

```
#include <stdio.h>
#include "stdlib.h"
void main()
{
   int mark[100],i; // 定义了有 100 个元素的数组 mark
   int overn=0; // 定义了变量 overn 用于存放高于平均分的人数
   double avg=0;
   for(i=0; i<100; i++)
   {
     mark[i]=rand()%101; // 随机产生 0~100 的数放入数组中
     avg+=mark[i];
     printf(" 第 %3d 个学生的成绩：%d\n",i+1,mark[i]);
   }
   avg=avg/100; // 求 100 人的平均分
   for(i=0; i<100; i++) // 本循环用于统计高于平均分的人数
   {
     if(mark[i]>=avg)
          overn++;
   }
   printf(" 平均分为：%2lf\n",avg);
   printf(" 高于平均分的人数有：%d\n",overn);
}
```

任务三　显示2019年全年日历，每3个月一排，每行显示相邻3个月的同一周

在C语言中，将字符串作为字符数组来处理。在实际应用中人们关心的是有效字符串的

长度而不是字符数组的长度。下文将详细介绍字符数组与字符串的使用。

1　二维数组

二维数组与一维数组相似，但是用法上要比一维数组复杂。二维数组的本质就是一维数组，只不过形式上是二维的。能用二维数组解决的问题用一维数组也能解决。但是在某些情况下，比如矩阵，对于程序员来说使用二维数组会更形象直观，但对于计算机而言与一维数组是一样的。

（1）二维数组的声明

具有多个下标的数组称为多维数组，其中最常用的是二维数组，主要用来表示数值表格。二维数组的声明格式如下：

```
数据类型 数组名 [ 常量表达式 ] [ 常量表达式 ];
```

例如：

```
int a[3][4]; /* 声明了一个 3 行 4 列的整型数组 */
```

声明二维数组时应注意：

1）与一维声明基本相同，只多了一个常量表达式，表示二维。第一个常量表达式为行下标，声明了这个数组的行数，第二个常量表达式为列下标，声明了每行的列数。因此，元素个数 = 行数 × 列数。如上面二维数组 a 由 3×4=12 个元素组成。

2）C 语言把二维数组看成是一维数组，基元素又是一个一维数组。例如，a 有三个元素 a[0]，a[1] 和 a[2]，它们各自又可以看作为一个包含 4 个元素的一维数组，如图 3-11 所示。

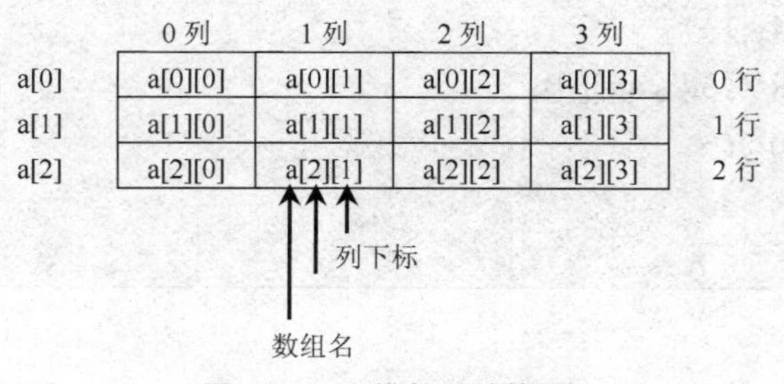

图 3.11　二维数组结构图

3）二维数组的元素在内存中按线性方式存放，即按行存放，先存放第一行的元素，再存放第二行的元素。数组 a 的存放顺序为：

```
a[0][0] → a[0][1] → a[0][2] → a[0][3] → a[1][0] → a[1][1] → a[1][2] ……→ a[2][3]
```

声明多维数组与声明二维数组类似，如 int a[3][4][5]，a 为 3×4×5 的三维数组。多维数组元素的排列顺序也是按行存放的。

（2）二维数组的引用

二维数组的引用格式如下：

数组名 [下标][下标]

例如：

```
a[2][3]=10;  /* 第 3 行，第 4 列元素赋值为 10*/
```

引用二维数组元素时，对数组下标的值要求与引用一维数组相同，即行或列下标表达式的值只能从 0 到数组所规定的下标上界之间的整数。

举例：建立一个 3×4 矩阵并输出，如示例代码 3-8 所示：

示例代码 3-8

```
/* 用嵌套循环来实现二维数组的输入输出 */
#include <stdio.h>
void main()
{
int i,j,a[3][4];
  printf("Input the number of array:\n");
  for(i=0;i<3;i++)                    /* 外层循环控制行 */
    for(j=0;j<4;j++)                  /* 内层循环控制列 */
      scanf("%d ",&a[i][j]);
  printf("Output the number of array:\n");
  for(i=0;i<3;i++)
  {
     for(j=0;j<4;j++)
          printf("%3d",a[i][j]);
       printf("\n");
     }
}
```

运行结果：

```
Output the number of array:
  1  2  3  4
  5  6  7  8
  9  1  2  3
```

图 3.12　运行结果

试一试：如程序中省略 printf("\n")语句，结果将是怎样？

（3）二维数组的初始化

在声明二维数组同时，可以用下列方法给数组元素初始化：

1）按存放顺序，举例如下：

```
int a[3][4]={1,2,3,4,5,6,7,8,9,10,11,12}; /* 数组 a 中各元素如图 3-13（a）所示 */
```

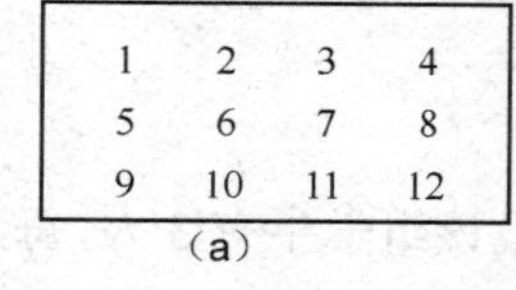

（a）

1	2	3	4
5	6	7	8
9	10	0	0

（b）

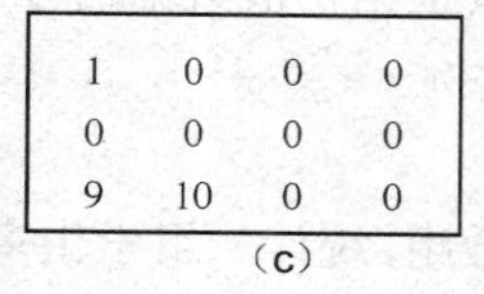

（c）

图 3.13　数组 a 的结构

将所有初值写在一对大括号中，并用“，”分隔，系统自动按照规定的行列值去对数组元素赋值。当初值个数小于数组元素的个数时，剩余元素的值系统将自动赋零，举例：

```
int a[3][4]={1,2,3,4,5,6,7,8,9,10};   /* 数组 a 中各元素如图 3.13（b）所示 */
```

2）按行分段初始化，举例如下：

```
int a[3][4]={{1,2,3,4},{5,6,7,8},{9,10,11,12}};/* 数组 a 各元素如图 3.13（a）所示。*/
```

结果与第一种方法相同，但更为直观。有几组用逗号分隔的大括号，就代表二维数组有几行，而每组大括号有几个用逗号分隔的数值，就代表该行有几列。最后将所有的初始化内容用一对大括号括起来。这种方法特别适用于对数组部分元素赋初值，系统自动将没有赋值的元素赋值成 0，举例如下：

```
int a[3][4]={ {1,2,3,4},{5,6,7,8},{9,10}};   /* 数组 a 各元素如图 3.13（b）所示。*/
```

相当于：

```
int a[3][4]={ {1,2,3,4},{5,6,7,8},{9,10,0,0}};
```

举例如下：

```
int a[3][4]={{1},{4}};
```

相当于：

```
int a[3][4]={{1,0,0,0},{4,0,0,0},{0,0,0,0}};
```

通过以上内容可发现，省略的大括号对应行的元素全部赋为 0。

3）声明同时对数组元素全部赋值，可省略第一维的长度，但必须指定其他维的长度，如下所示：

```
int a[][4]={1,2,3,4,5,6,7,8,9,10,11,12};
```

根据初值的个数，编译系统会自动确定第一维的下标，如下所示：

```
int a[][4]={{1},{},{9,10}};  /* 数组 a 中各元素如图 3.13(c)所示。*/
```

编译系统会根据初值数据的行数自动确定第一维下标的长度。

（4）程序实例

举例

使用二维数组，统计一组学生多门课程的成绩情况。设该组学生有 3 人，每人有 4 门课程的考试成绩。

问题分析

可设一个二维数组 a[3][5] 存放 3 个人 4 门课的成绩，其中每一行最后一列用于存放学生的总成绩，如表 3.1 所示。

表 3.1 学生成绩表

	Subject1	Subject2	Subject3	Subject4	Total
Student1	81	76	61	56	274
Student2	75	80	65	62	282
Student3	92	85	71	70	328

编写代码，如示例代码 3-9 所示：

示例代码 3-9

```
#include <stdio.h>
void main()
{
 int i,j,a[3][5];
 printf("input score\n");
 for(i=0;i<3;i++)
 {
   a[i][4]=0;      /* 用每一行的最后一列存放每个学生的总分，先清零 */
   for(j=0;j<4;j++)        /* 输入第 i 个学生每门课程成绩并求总成绩 */
   {
     scanf("%d",&a[i][j]);
     a[i][4]+= a[i][j];      /* 累加每个学生的总分 */
   }
 }
}
```

程序说明

①因为利用最后一列存放每个学生的总成绩，真正存放学生分数是从第 1（下标 0）列到第 4 列（下标 3），所以循环输入时，内层循环终值作了调整。

②执行 a[i][4]=0 是便于累加总分，否则该单元初始值是随机的。

举例

将矩阵转置，即将一个二维数组行和列交换，存到另一个二维数组中。

问题分析

矩阵转置是把矩阵的行和列互换，设有一个 3 行 4 列的矩阵，由于矩阵的行列不同，必须使用两个数组进行转换。

编写代码，如示例代码 3-10 所示：

示例代码 3-10

```
#define ROW 3
#define COL 4
#include <stdio.h>
void main()
{
   int a[ROW][COL]={{1,2,3,4},{5,6,7,8},{9,10,11,12}},b[COL][ROW];
    /* 声明时初始化数组 */
   int i,j;
   for(i=0;i<ROW;i++)
   {
       for(j=0;j<COL;j++)
       {
           printf("%5d",a[i][j]);
           b[j][i] = a[i][j];   /* 转置，行、列交换 */
       }
       printf("\n");        /* 输出一行后换行 */
   }
   for(i=0;i<COL;i++)   /* 输出转置后的矩阵 */
   {
     for(j=0;j<ROW;j++)
         printf("%5d",b[i][j]);
     printf("\n");
   }
}
```

试一试：对于 n×n 矩阵只用一个数组是否可行??

2 字符数组与字符串

C 语言中字符数组是一个存储字符的数组，而字符串是一个用双括号括起来的以 '\0' 结束的字符序列，虽然字符串是存储在字符数组中的，但是一定要注意字符串的结束标志是 '\0'。

（1）字符数组与字符串的关系

字符数组是用来存放字符数据的，每一个数组元素存放一个字符。它本身是一个数组，具有数组的全部特性，只不过是数组元素的类型是字符型。如：字符数组 c[7] 如图 3.14（a）所示。

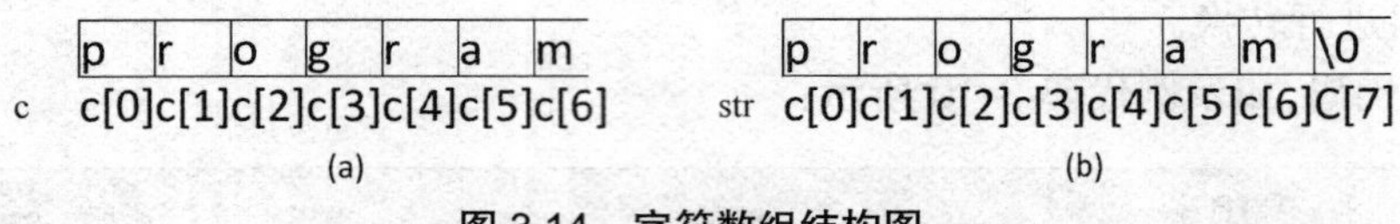

图 3.14 字符数组结构图

字符串是一个字符整体，可以包含字母、数字和不同的特殊字符，如 *、#、$ 和 + 等。C 语言中字符串就是用双引号括起来的字符串常量，如 "program"、"c" 等。

C 语言并不支持字符串变量来引用字符串，而是将字符串存入字符数组来处理，为它开辟一片连续的存储空间，所不同的是这部分存储单元中的内容不能被改变，并且这个字符数组没有自己的数组名和下标。

系统对字符串常量自动加一个空字符 '\0' 作为字符串的结束符，因此，C 语言中的字符串是用空字符 '\0' 结束的字符数组。如，用字符数组表示字符串如图 3.14（b）所示。

用字符数组表示字符串时需注意：

1）'\0' 代表字符串结束，处理字符数组时，一旦遇到该字符，剩下的字符就不再处理。

2）在进行字符串处理时，'\0' 不作为字符串的有效字符进行处理，它只起到判别作用。

3）'\0' 在字符数组中，仍占用一个单元，如字符串 "program" 的长度为 7，但它却占用了字符数组 8 个的单元的大小。因此，大小为 n 的字符数组最多只能存放长度为 n-1 的字符串，需要预留出字符串结束符 '\0' 的位置。

（2）字符数组的声明

字符数组的声明与前面介绍的类似。例如：

```
char c[10];    /* 一维字符数组，每个元素占用 1 个字节内存单元 */
char c[3][4] ;  /* 二维字符数组，每个元素占用 1 个字节内存单元 */
```

由于字符型和整型通用，也可以声明为 int c[10] 或 int c[3][4]，此时每个数组元素分别占 2 个字节的内存单元。虽然这种方法是合法的，但浪费存储空间。

（3）字符数组的初始化

字符数组可以使用的两种方法来进行初始化。

1）使用字符常量初始化数组，举例如下：

```
char c[10]={'C', ' ', 'L', 'a', 'n', 'g', 'u', 'a', 'g', 'e'};
  /* 声明同时对各个元素赋初值 */
```

它表示 c 是长度为 10 的字符数组，数组元素的数据类型为字符型。

如果初始化时不指定数组大小，编译系统将根据初始化字符的个数确定数组的长度。举例如下：

```
char c[]={'C', ' ', 'L', 'a', 'n', 'g', 'u', 'a', 'g', 'e'};
```

如果声明数组的长度大于初始化字符个数时，其余的元素则自动置为空字符 '\0'。举例如下：

```
char c[10]={'C'};
```

其存储结构为：

C	\0	\0	\0	\0	\0	\0	\0	\0	\0

图 3.15　存储结构

但初值个数大于数组长度是错误的，它将导致一个编译时错误，例如：

```
char c[9]={'C', ' ', 'L', 'a', 'n', 'g', 'u', 'a', 'g', 'e'};
```

2）使用字符串常量（字符串）初始化数组，举例如下：

```
char c[]={"C Language"}; /* 此时数组 c 长度为 11*/
char c[]="C Language";   /* 大括号也可以省略 */
```

用字符串作为初值，使用起来更直观、方便。需要注意的是，数组 c 的长度为 11，因为字符串常量最后由系统自动加了一个 '\0'。所以，上面的初始化与如下是等价的：

```
char c[]={'C', ' ', 'L', 'a', 'n', 'g', 'u', 'a', 'g', 'e', '\0'}
```

再进一步，如果要存储多个字符串，可以使用二维字符数组，例如：

```
char str[][6]={"C","BASIC","JAVA"};
```

上面语句创建了一个二维字符数组，存储了 3 个字符串。二维数组 str 结构如图 3.16。

str [0]	C	\0	\0	\0	\0	\0
str [1]	B	A	S	I	C	\0
str [2]	J	A	V	A	\0	\0

图 3.16 str 数组结构

3　字符串的输入和输出

在 C 语言中，有两个函数可以在控制台（显示器）上输出字符串，它们分别是：

- puts()：输出字符串并自动换行，该函数只能输出字符串。

- printf()：通过格式控制符 %s 输出字符串，不能自动换行。除了字符串，printf() 还能输出其他类型的数据。

同样在 C 语言中，有两个函数可以让用户从键盘上输入字符串，它们分别是：

- scanf()：通过格式控制符 %s 输入字符串。除了字符串，scanf() 还能输入其他类型的数据。
- gets()：直接输入字符串，并且只能输入字符串。

（1）使用格式符 "%c"，以单个字符形式输入输出。

举例：通过键盘输入字符串，并将它输出，如示例代码 3-11 所示：

示例代码 3-11

```
#include <stdio.h>
void main()
{
    char c[20]; int i=0;
    scanf("%c",&c[0]);
    while((c[i]! ='\n')&&(c[i]! =' '))
    {
      i++;
      scanf("%c",&c[i]);      /* 为单个数组元素赋初值 */
    }
    for(i=0; c[i]! ='\0'; i++)
        printf("%c",c[i]);
}
```

程序说明

①在用键盘输入字符串时，通常以回车符或空格符结束一个字符串的输入。如本例，当输入"abcd abcd abcd"时，实际存入字符数组 c 中的字符只有"abcd"，这一点请注意。

②在未知字符串长度情况下，声明字符数组长度时应尽量长些，但这势必会造成资源浪费。我们可以用字符串初始化字符数组，就显得方便多了。

（2）使用格式符"%s"，以字符串整体形式输入或输出。

举例：

编写如下代码并调试运行，使用键盘输入"abced ↙"，其在内存中显示结构为：

```
char c[6];
scanf("%s",c);
printf("%s",c);
```

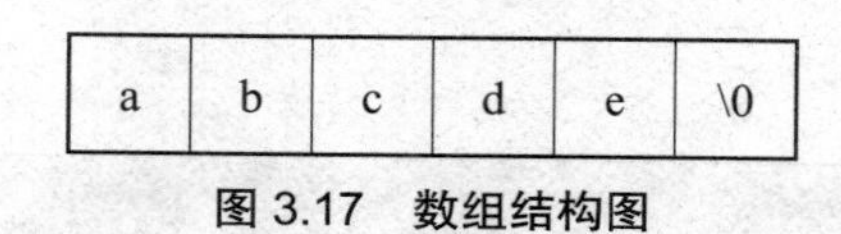

图 3.17　数组结构图

1）输出字符串时不包括'\0'。

2）用"%s"格式将字符串整体输出时，在 printf() 函数中输出项应是字符数组名，而不是数组元素名。如 printf("%s",c[i]) 是错误的。

3）如果数组长度大于字符串实际长度时，printf() 函数也只输出到第一个 '\0' 为止。如执行：

```
char c[20]="C language"; printf("%s",c);
```

结果同上。

4）使用 scanf() 输入整个字符串时，输入项是字符数组名，不要再加地址符 &，并且它应该是已经被声明过。如：scanf("%s",c[i]) 或 scanf("%s",&c[i]) 都是错误的。

5）利用 scanf 函数输入多个字符串以空格分隔，举例如下：

```
char str1[9],str2[9];
scanf("%s%s",str1,str2) ;
```

从键盘输入 C Language ↙，输入后，字符数组 str1 中的值为 "C"，字符数组 str2 中的值为"Language"。若改为：

```
char str[11];
scanf("%s",str) ;
```

仍输入原内容后，实际上并不是把 "C language" 全部送到数组 str1，而只将空格前的字符 "C" 送入 str1。

（3）字符串处理函数

1. gets() 函数

gets() 函数使用时格式如下所示：

```
gets( 字符数组名 );
```

作用：从键盘输入一个字符串到字符数组，并且得到一个返回值，该函数值是字符数组的首地址。

举例：从键盘上输入"C language"，执行下面两段代码。

```
char str[11];
scanf("%s",str);
printf (("%s",str));
```

输出:C

```
char str[11];
gets(str);
printf (("%s",str));
```

输出:C language

由此我们可以看出:

1)与使用 scanf 的"%s"格式输入字符串不同,gets() 函数接受的字符串可以包含空格。

2)scanf() 函数可以采用多个"%s"格式可以同时输入多个字符串,而 gets() 函数一次只能输入一个字符串,以回车符作为字符输入结束。

2. puts() 函数

puts() 函数使用时格式如下所示:

```
puts( 字符数组名 );
```

作用:将数组中的以 '\0' 结束的字符串输出,输出完毕自动换行。它的功能与 printf()的 "%s" 格式的功能基本相同,只是每次只能输出一个字符串。

编写如下三段代码,并查看输出结果,均由键盘输入字符串"How are you"。

char s[100];
gets(s);
puts(s);
	char s[100];
	puts(gets(s));
		char s[100];
		scanf("%s", s);
		printf("%s", s);

3. strcat() 字符串连接函数

strcat() 字符串连接函数使用时格式如下所示:

```
strcat( 字符数组 1,字符数组 2);
```

作用:将字符数组 1 中的字符串结束符 '\0' 删除,将字符数组 2 连接到字符数组 1 后面,并返回字符数组 1 的首地址。

举例

将两个字符串连接,然后存储在第一个字符串中,两个字符串内容如图 3.18 所示,运行代码并输入"strcat(str1,str2);"。运行结果入图 3.19 所示:

C	\0	\0	\0	\0	\0	\0	\0	\0	str1
l	a	n	g	u	a	g	e	\0	str2

图 3.18 字符串内容

C	l	a	n	g	u	a	g	e	\0

图 3.19 运行结果

说明:

1)字符数组 1 的长度要足够大,以容纳最终的字符串。

2)也可以直接用一个字符串。如下代码所示:

```
strcat(str1, "language");
```

系统自动将其转换为一个字符数组。注意第一个参数位置上不能这样用，为什么呢？请大家自己思考一下。

3）C 语言允许 strcat() 函数的嵌套使用。如下代码所示：

```
strcat(strcat(str1,str2), str3);
```

这是合法的，它将把三个字符串联到一起，结果存储在第一个字符串中。

4）C 语言规定两个字符串不能直接相加。如，str1=str1+str2 是错误的。

4. strcpy() 函数

strcpy() 函数使用时格式如下所示：

```
strcpy( 字符数组 1,字符数组 2);
```

作用：把字符串数组 2 的内容拷贝到字符数组 1 中，拷贝结束后，系统会自动在字符数组 1 中加入结束符 '\0'，代码如下所示：

```
strcpy(str1,str2); 或 strcpy(str1, "language");
```

说明：

1）字符数组 1 应足够大，以便容纳复制过来的字符串。复制时连同字符串后面的 '\0' 一起复制到字符数组 1 中。

2）在 C 语言中，不允许把字符串或字符数组直接赋给一个字符数组，如 str1=str2。

5. strcmp() 函数

strcmp() 函数使用时格式如下所示：

```
strcmp( 字符数组 1,字符数组 2 );
```

作用：比较两个字符串的大小，比较时对两个字符串自左至右逐个字符按 ASCII 码值大小比较，直到出现不同字符或 '\0' 为止。比较结果由函数值返回。

- 字符串 1 > 字符串 2，函数返回值是正整数，为两个字符串中第一个不同字符的 ASCII 码值的差值。在字符串比较时，字符串结束符 '\0' 也参加比较。
- 字符串 1< 字符串 2，函数返回值是负整数，其他同上。
- 字符串 1= 字符串 2，函数返回值为 0。

C 语言规定，不能使用“==”比较两个字符串，只能用 strcmp() 函数来处理。

6. strlen() 函数

strlen() 函数使用时格式如下所示：

```
strlen( 字符数组名 / 字符串 );
```

作用：测试字符串长度，函数的返回值为字符实际长度，不包含 '\0'。

以上介绍的六种常用字符串处理函数中，gets()和 puts()函数使用时要在程序头加 #include<stdio.h>；其他四个函数使用时要在程序头加 #include<string.h>。

举例：输入三个字符串，找出最小的并输出，如示例代码 3-12 所示：

示例代码 3-12

```
#include <stdio.h>
#include <string.h>
main()
{
 char str[3][20]; /* 设置二维字符数组 */
 char temp[20];
 int i;
 for(i=0; i<3; i++)
   gets(str[i]); /* 依次输入 3 个字符串 */
 if(strcmp(str[0], str[1])<0)  /* 比较两个字符串 */
   strcpy(temp, str[0]);     /* 将较小的一个字符串复制到字符串 temp*/
 else
   strcpy(temp, str[1]);
 if(strcmp(str[2], temp)<0)
   strcpy(temp, str[2]);
 printf("The smallest string is: %s\n", temp);
}
```

运行结果：

```
english
computer
math
The smallest string is:computer
```

图 3.20 运行结果

程序说明：

str[3][20] 为二维字符数组，可看作 3 个一维数组 str[0]，str[1] 和 str[2]，用它们来存放 3 个字符串，每个字符串最多包含 19 个有效字符。

本任务：在屏幕上显示 2019 年全年日历，每 3 个月一排，每行显示相邻 3 个月的同一周。

运行结果

```
                              2019年

* 1*            Jan    * 2*            Feb    * 3*            Mac
SU MO TU WE TH FR SA   SU MO TU WE TH FR SA   SU MO TU WE TH FR SA
--------------------   --------------------   --------------------
       1  2  3  4  5                   1  2                   1  2
 6  7  8  9 10 11 12    3  4  5  6  7  8  9    3  4  5  6  7  8  9
13 14 15 16 17 18 19   10 11 12 13 14 15 16   10 11 12 13 14 15 16
20 21 22 23 24 25 26   17 18 19 20 21 22 23   17 18 19 20 21 22 23
27 28 29 30 31         24 25 26 27 28         24 25 26 27 28 29 30
                                              31

* 4*            Apr    * 5*            May    * 6*            Jun
SU MO TU WE TH FR SA   SU MO TU WE TH FR SA   SU MO TU WE TH FR SA
--------------------   --------------------   --------------------
    1  2  3  4  5  6             1  2  3  4                      1
 7  8  9 10 11 12 13    5  6  7  8  9 10 11    2  3  4  5  6  7  8
14 15 16 17 18 19 20   12 13 14 15 16 17 18    9 10 11 12 13 14 15
21 22 23 24 25 26 27   19 20 21 22 23 24 25   16 17 18 19 20 21 22
28 29 30               26 27 28 29 30 31      23 24 25 26 27 28 29
                                              30

* 7*            Jul    * 8*            Agu    * 9*            Sep
SU MO TU WE TH FR SA   SU MO TU WE TH FR SA   SU MO TU WE TH FR SA
--------------------   --------------------   --------------------
    1  2  3  4  5  6                1  2  3    1  2  3  4  5  6  7
 7  8  9 10 11 12 13    4  5  6  7  8  9 10    8  9 10 11 12 13 14
14 15 16 17 18 19 20   11 12 13 14 15 16 17   15 16 17 18 19 20 21
21 22 23 24 25 26 27   18 19 20 21 22 23 24   22 23 24 25 26 27 28
28 29 30 31            25 26 27 28 29 30 31   29 30
```

图 3.21　运行结果

步骤一：程序分析

（1）本任务拓展为全年 12 个月，考虑利用二维数组存储每月的英文缩写名称。

（2）与任务 2 比较，很容易发现除了第一行年份外，本任务相当于把任务 2 重复 4 次，当然其中有些数据需要随之更新，例如月份缩写等，所以解决方案就是在外面增加一层循环。

步骤二：编写代码，如示例代码 3-13 所示：

示例代码 3-13

```
#define YEAR 2019
#include <stdio.h>
void main()
{
 int daytab[12]={31,28,31,30,31,30,31,31,30,31,30,31};
 char monthname[12][4]={"Jan","Feb","Mac","Apr","May","Jun","Jul",
```

```
"Agu","Sep","Oct","Nov","Dec"};
int m_data[12]={-2,-5,-5,-1,-3,-6,-1,-4,0,-2,-5,0};
int month=1;// 从 1 月开始
int i,l,j,k;
printf("%40d 年 \n",YEAR);
for(k=0;k<4;k++)// 共输出 4 排,每排 3 个月
{
 getchar();// 一排输出 3 个月,每输出 3 个月等待键入一个键继续
 for(i=0;i<3;i++)
  // 输出月份的阿拉伯数字和英文缩写
  printf("*%2d*         %s     ",month+i,monthname[month+i-1]);
 printf("\n");
 for(i=0;i<3;i++)
   printf("SU MO TU WE TH FR SA    ");// 输出一排 3 个月的星期标题
 printf("\n");
 for(i=0;i<3;i++)// 输出横线
  {
   for(j=0;j<20;j++)
   printf("-");
  printf("    ");
  }
 printf("\n");
 for(l=0;l<6;l++)// 每月最多 6 行
  {
   for(i=0;i<3;i++)// 一行 3 个月段
   {
    for(j=0;j<7;j++)// 一个月段输出一个星期的数据
    {
    m_data[month+i-1]++;// 例如 2019 年 1 月 1 日是星期二 m_data[1]=-2
    if(m_data[month+i-1]<1||m_data[month+i-1]>daytab[month+i-1])
      printf("   ");// 当日期不在本月日期范围是输出空
    else
     printf("%2d ",m_data[month+i-1]);// 日期在本月范围输出日期到对应位置
    }
   printf("    ");
   }
  printf("\n");
  }
```

```
    month=month+3;
    printf("\n\n");
  }
}
```

拓展任务名称：二维数组的输入与输出。

运行结果

```
二维数组动态赋值演示:
1 2 3 4 5 6
a[0][0]=1  a[0][1]=2  a[0][2]=3
a[1][0]=4  a[1][1]=5  a[1][2]=6
请按任意键继续. . .
```

图 3.22　运行结果

程序分析

二维数组可以看作一个一维数组，所不同的是，该一维数组的每一个元素又是一个由多个元素组成的一维数组。因此我们可以用一组嵌套的循环语句来为一个二维数组初始化。

编写代码，如示例代码 3-14 所示：

示例代码 3-14

```
#include <stdio.h>
void main()
{
   int a[2][3];
   printf(" 二维数组动态赋值演示:\n");
   for(int i=0; i<2; i++) //i 代表二维数组的行
   {
     for(int j=0; j<3; j++) //j 代表二维数组的列
     {
       scanf("%d", &a[i][j]);
       printf("a[%d][%d]=%d ", i, j, a[i][j]);
     }
     printf("\n");
   }
}
```

任务四 输入年份，显示该年的日历，每3个月一排，每行显示相邻3个月的同一周

C语言中所有的变量都有自己的作用域。决定变量作用域的是变量的定义位置。定义在函数内部的变量称为局部变量(Local Variable)，它的作用域仅限于函数内部，在所有函数外部定义的变量称为全局变量(Global Variable)，它的作用域默认是整个程序。

1 变量的作用域

函数形参变量只在被调用期间才分配内存单元，调用结束立即释放。这一点表明形参变量只有在函数内才是有效的，离开该函数就不能再使用了。这种变量有效性的范围称为变量的作用域。不仅对于形参变量，C语言中所有的变量都有自己的作用域。变量说明的方式不同，其作用域也不同。在C语言中，按作用域范围不同可分为局部变量和全局变量。

2 局部变量

局部变量也称为内部变量。局部变量是在函数体内声明的变量。其作用域仅限于函数内，离开声明它的函数后就失去作用。例如：

```
int f1(int a)      /* 函数 f1()*/
{ int b,c;         /* 局部变量声明 */                a,b,c 作用域
  ……
}
int f2(int x)      /* 函数 f2()*/
{ int y,z;         /* 局部变量声明 */                x,y,z 作用域
  ……
}
main()
{ int m,n;         /* 局部变量声明 */                m,n 作用域
  ……
}
```

关于局部变量作用域的几点说明：

(1) main() 中定义变量也只能在 main() 中使用，不能在其他函数中使用。同时，main() 中也不能使用其它函数中定义的变量，因为 main() 也是一个函数，它与其他函数是平行关系。这一点与其他语言不同的，应予以注意。

（2）形参变量是属于被调函数的局部变量，实参变量是属于主调函数的局部变量。

（3）允许在不同的函数中使用相同的变量名，它们代表不同的对象，分配不同的单元，互不干扰，也不会发生混淆。

（4）在复合语句中也可定义变量，其作用域只在复合语句范围内。

例如，分析以下程序的运行结果。

```
void main()
{
  int i=5,j=10,k;    k=i+j;
  {
    int k=8;
    if(i==5) printf("%d\t",k);
  }
  printf("%d\t%d\n",i,k);
}
```

i=5
j=10
k=15

k=8

运行结果：8　5　15

程序说明：复合语句中的变量会屏蔽在函数内定义的同名变量。

3　全局变量

全局变量也称为外部变量，它是在任何一个函数体外定义的变量，它不属于任何函数，它属于整个源程序文件，即其作用域是从其定义之处到整个源程序结束。

在一个函数中既可以使用本函数中的局部变量，又可以使用有效的全局变量。在一个函数之前定义的全局变量，在该函数内使用可不再加以说明。

例如：

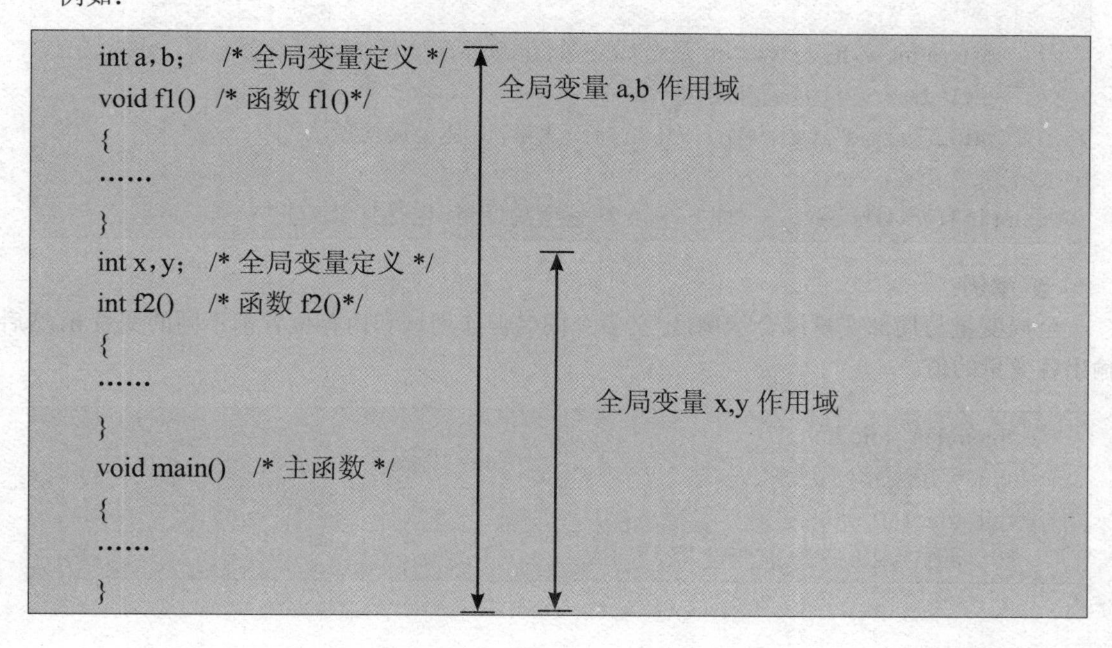

```
int a,b;     /* 全局变量定义 */
void f1()   /* 函数 f1()*/
{
……
}
int x,y;   /* 全局变量定义 */
int f2()     /* 函数 f2()*/
{
……
}
void main()    /* 主函数 */
{
……
}
```

关于局部变量和全局变量的几点说明：

（1）对于局部变量的定义和声明，可以不加区分。但对于全局变量则不然，全局变量的定义和声明有不同的涵义。全局变量的定义必须在所有函数体之外，且只能有一次。其一般格式为：

```
[extern] 类型说明符 变量名，变量名，… ；
```

全局变量声明出现在使用该全局变量的函数体内，可能出现多次。其一般格式为：

```
extern 类型说明符 变量名，变量名，…；
```

全局变量在定义时就已分配了内存单元，所以可以初始赋值，全局变量声明时不能再赋初始值，只是表明在函数体内要使用某全局变量。

举例，在一个文件内声明全局变量，如示例代码 3-15 所示。

示例代码 3-15

```
#include <stdio.h>
int vs(int l, int w)   /*l 和 w 是函数形参，也是局部变量 */
{
    extern int h;   /*h 是全局变量，也是外部变量 */
    int v;          /*v 是局部变量 */
    v=l*w*h;    /* 在此题中 v=5*4*5    */
    return v;     /* 此题中 v 的返回值为 100    */
}
void main()
{
    extern int w, h;   /*w 和 h 是全局变量，也是外部变量 */
    int l=5;        /*l 是局部变量 */
    printf("v=%d", vs(l, w));   /*l 是局部变量，w 是全局变量 */
}
int l=3, w=4, h=5;          /*l、w 和 h 都是全局变量，也是外部变量 */
```

举例：

全局变量与局部变量综合示例，定义多个同名但作用域和内存位置都不同的变量 n，然后输出各变量的值。

```
#include <stdio.h>
int n = 10; // 全局变量
void func1(){
      int n = 20; // 局部变量
```

```
        printf("func1 n: %d\n", n);
    }
    void func2(int n){
        printf("func2 n: %d\n", n);
    }
    void func3(){
        printf("func3 n: %d\n", n);
    }
    int main(){
        int n = 30;  // 局部变量
        func1();
        func2(n);
        func3();
        // 代码块由 {} 包围
        {
            int n = 40;  // 局部变量
            printf("block n: %d\n", n);
        }
        printf("main n: %d\n", n);
        return 0;
    }
```

运行结果：

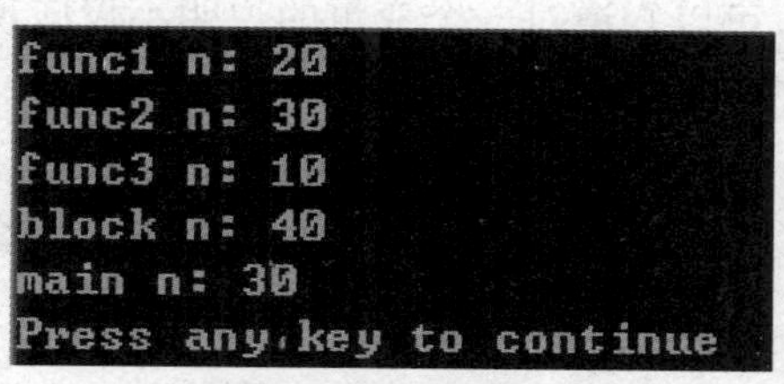

图 3.23　运行结果

代码中虽然定义了多个同名变量 n，但它们的作用域不同，在内存中的位置（地址）也不同，所以是相互独立的变量，互不影响，不会产生重复定义错误。

1）对于 func1() 使用的是函数内部的 n，而不是外部的 n，输出结果为 20，func2() 也是相同的情况。

当全局变量和局部变量同名时，在局部范围内全局变量被“屏蔽”，不再起作用。或者说，变量的使用遵循就近原则，如果在当前作用域中存在同名变量，就不会向更大的作用域中去寻找变量。

2）func3() 使用的是全局变量输出 10，因为在 func3() 函数中不存在局部变量 n，所以编译器只能到函数外部，去寻找全局变量 n。

3）由{}包围的代码块也拥有独立的作用域，printf()使用它自己内部的变量n，输出40。

4）C语言中只能从小的作用域向大的作用域中去寻找变量，而不能反过来，使用更小的作用域中的变量。对于main()函数，即使代码块中的n离输出语句更近，但它仍然会使用main()函数开头定义的n，所以输出结果是30。

（2）全局变量可加强函数模块之间的数据联系，但是又使函数要依赖这些变量，因而使得函数的独立性降低。从模块化程序设计的观点来看这是不利的，因此在不必要时尽量不要使用全局变量。

（3）在同一源文件中，允许全局变量和局部变量同名。在局部变量的作用域内，全局变量不起作用。

4 变量的存储类型

变量的存储方式可分为静态存储和动态存储两种。静态存储变量通常是在变量定义时就分配存储单元并一直保持不变，直至整个程序结束。动态存储变量是在程序执行过程中，使用它时才分配存储单元，使用完毕立即释放。典型的例子是函数的形参，在函数定义时并不给形参分配存储单元，只是在函数被调用时，才予以分配，调用函数完毕立即释放。如果一个函数被多次调用，则反复地分配、释放形参变量的存储单元。从以上分析可知，静态存储变量是一直存在的，而动态存储变量则时而存在时而消失。这种由于变量存储方式不同而产生的特性称变量的生存期。生存期表示了变量存在的时间。生存期和作用域是从时间和空间这两个不同的角度来描述变量的特性，这两者既有联系，又有区别。一个变量究竟属于哪一种存储方式，并不能仅从其作用域来判断，还应有明确的存储类型说明。

在C语言中，对变量的存储类型说明有四种：自动变量（auto）、静态变量（static）、外部变量（extern）和寄存器变量（register）。

自动变量和寄存器变量属于动态存储方式，外部变量和静态变量属于静态存储方式。在介绍了变量的存储类型之后，可以知道对一个变量的说明不仅应说明其数据类型，还应说明其存储类型。因此，变量声明的一般完整格式应为：

```
[存储类型][数据类型]变量名,变量名,…;
```

1. 自动变量

这种存储类型是C语言程序中使用最广泛的一种类型。C语言规定，函数内凡未加存储类型说明的变量均视为自动变量，也就是说自动变量可省去说明符auto。在前面各章的程序中所定义的变量凡未加存储类型说明符的都是自动变量。

```
int i,j,k;   等价于   auto int i,j,k;
```

自动变量具有以下特点：

（1）自动变量的作用域仅限于定义该变量的个体内。在函数中定义的自动变量，只在该函数内有效。在复合语句中定义的自动变量只在该复合语句中有效。

（2）自动变量属于动态存储方式，只有在定义该变量的函数被调用时才给它分配存储单元，开始它的生存期。函数调用结束，释放存储单元，结束生存期。因此函数调用结束之后，自动变量的值不能保留。在复合语句中定义的自动变量，在退出复合语句后也不能再使用，否则将引起错误。

（3）由于自动变量的作用域和生存期都局限于定义它的个体内（函数或复合语句内），因此不同的个体中允许使用同名的变量而不会混淆。即使在函数内定义的自动变量也可与该函数内部的复合语句中定义的自动变量同名。

2. 静态变量

静态变量的类型说明符是 static，属于静态存储方式。但是属于静态存储方式的量不一定就是静态变量，例如外部变量虽属于静态存储方式，但不一定是静态变量，必须由 static 加以定义后才能成为静态外部变量，或称静态全局变量。

（1）静态局部变量

在局部变量的说明前再加上 static 说明符就构成静态局部变量。例如：

```
static int a,b;
```

静态局部变量具有以下特点：

①静态局部变量在函数内定义，但不象自动变量那样，当调用时就存在，退出函数时就消失。静态局部变量始终存在着，也就是说它的生存期为整个源程序。

②静态局部变量的生存期虽然为整个源程序，但是其作用域仍与自动变量相同，即只能在定义该变量的函数内使用该变量。退出该函数后，尽管该变量还继续存在，但不能使用它。

③对基本类型的静态局部变量若在说明时未赋以初值，则系统自动赋予 0 值。而对自动变量不赋初值，则其值是不定的。

举一个例子来帮助大家理解静态局部变量和自动局部变量的区别。现在大家经常到健身房做运动，每次健身都必须用储物箱，一般租用储物箱有两种方式：一种是每次到健身房，临时租用一个，给钥匙存物品，临走时取物还钥匙；另一种是长期租用一个固定储物箱。这两种方式有什么区别？前一种，每一次位置不固定，且一旦有遗留物品会被清除，但对于运动中心而言储物箱利用率会很高；后一种，位置固定，上一次存放的物品下一次还会原封不动地保存，并且长期拥有使用权，别人不能擅用，但储物箱的利用率会降低。两种方式的相同之处在于对每一位顾客而言，储物箱的有效利用时间，其实都是本人在健身房的那段时间，即使长期租用的顾客，本人不在健身房时也无法使用储物箱。显然，前一种就相当于自动局部变量，而后一种相当于静态局部变量。

根据静态局部变量的特点，可以看出它是一种生存期为整个源程序的变量。虽然离开定义它的函数后不能使用，但如再次调用定义它的函数时，它又可继续使用，而且保存了前次被调用后留下的值。因此，需要用静态局部变量的情况有：①当多次调用一个函数且要求在调用之间保留某些变量的值时，即需要保留函数上一次调用结束时的值；②初始化后，变量只被引用而不改变其值，避免每次调用时重新赋值。虽然用全局变量也可以达到上述目的，但全局变量有时会造成意外的副作用，因此仍以采用局部静态变量为宜。

举例：

分析比较下面两个程序的运行结果是否一致？为什么？

程序一：

```
#include <stdio.h>
void main()
{
   int i;
   void f();       /* 函数声明 */
   for(i=1;i<=5;i++)
   f(); /* 函数调用 */
}
void f()        /* 函数定义 */
{
   int j=1;      /* 自动局部变量 */
   j=j*2;
   printf("%d\t",j);
}
```

程序二：

```
#include <stdio.h>
void main()
{
   int i;
   void f();      /* 函数声明 */
   for (i=1;i<=5;i++)
   f();
}
void f()        /* 函数定义 */
{
   static int j=1;   /* 静态局部变量 */
   j=j*2;
   printf("%d\t",j);
}
```

运行结果：2 2 2 2 2 和 2 4 8 16 32

举例：

编写函数，要求该函数除了具有自身功能外，还能显示其是被第几次调用。

问题分析：为了统计该函数的调用次数，就需要在函数体内设置一个局部静态变量，每次调用该函数时，其值自动加1。

```
void fun()        /* 函数定义 */
{
   static int time=0;   /* 静态局部变量，统计被调用次数 */
   ++time;          /* 每被调用一次，time 加 1*/
   printf("The function is called  %d times .\n",time);
   ……
}
```

举例：打印1到5的阶乘。

问题分析：此题解法很多，用局部静态变量也可很方便地实现。

```
#include <stdio.h>
int fac(int n)
{
   static int f = 1;
   f = f*n;
   return(f);
}
```

```
void main()
{
  int i;
  for(i = 1; i<=5; i++)
  printf("%d!=%d\n", i, fac(i));
}
```

（2）静态全局变量

全局变量的声明之前加上static就构成了静态的全局变量。全局变量本身就是静态存储方式，静态全局变量当然也是静态存储方式。静态全局变量和非静态全局变量的区别在于非静态全局变量的作用域是整个源程序，当一个源程序由多个源文件组成时，非静态的全局变量在各个源文件中都是有效的；而静态全局变量则限制了其作用域，即只在定义该变量的源文件内有效，在同一源程序的其他源文件中不能使用它。由于静态全局变量的作用域局限于一个源文件内，只能为该源文件内的函数公用，因此可以避免在其他源文件中引起错误。

从以上分析可以看出，把局部变量改变为静态变量后是改变了它的存储方式即改变了它的生存期。把全局变量改变为静态变量后是改变了它的作用域，限制了它的使用范围。因此static这个说明符在不同的地方所起的作用是不同的，应予以注意。

3. 外部变量

外部变量和全局变量是对同一类变量的两种不同角度的提法。全局变量是从它的作用域提出的，外部变量从它的存储方式提出的，表示了它的生存期。当一个源程序由若干个源文件组成时，在一个源文件中定义的外部变量在其它的源文件中也有效。

程序在内存中存在期间，外部变量始终存在，不会随着函数的调用或退出而存在或消失。

举例：在多文件程序中声明全局变量。给定b值，输入A和m，求A×b和A^m的值。

文件file1.c中的内容为：

```
int A;     /* 定义外部变量 */
main()
{  int power(int);   /* 对调用函数作声明 */
   int b = 3,c,d,m;
   printf("enter the number A and its power m:\n");
   scanf("% d,% d", &A, &m);
   c=A*b;
   printf("% d*% d=% d\n",A,b,c);
   d=power(m);
   printf("% d**% d=% d",A,m,d);
}
```

文件file2.c中的内容为：

```
extern A;     /* 声明 A 为一个已定义的外部变量 */
int power(int n)
{
   int i,y = 1;
   for(i = 1;i<=n;i++)
         y*=A;
   return(y);
}
```

4. 寄存器变量

上述各类变量都存放在存储器内，因此当对一个变量频繁读写时，必须要反复访问内存储器，从而花费大量的存取时间。为此，C 语言提供了另一种变量，即寄存器变量。这种变量存放在 CPU 的寄存器中，使用时不需要访问内存，而直接从寄存器中读写，这样可提高效率。寄存器变量的说明符是 register。对于循环次数较多的循环控制变量及循环体内反复使用的变量均可定义为寄存器变量。

例如：求 $\sum_{i=1}^{200} i$。

问题分析：本程序循环 200 次，i 和 sum 都将频繁使用，因此可定义为寄存器变量。

```
#include <stdio.h>
void main()
{
   register i, sum=0;
   for(i=1; i<=200; i++)
   sum=sum+i;
   printf("sum=%d\n", sum);
}
```

对寄存器变量还要说明以下几点：

（1）只有局部自动变量和形参才可以定义为寄存器变量。因为寄存器变量属于动态存储方式，凡需要采用静态存储方式的量不能定义为寄存器变量。

（2）在 Turbo C 中，实际上是把寄存器变量当成自动变量处理的。因此速度并不能提高。而在程序中允许使用寄存器变量只是为了与标准 C 保持一致。

（3）即使能真正使用寄存器变量的机器，由于 CPU 中寄存器的个数是有限的，因此使用寄存器变量的个数也是有限的。当今的优化编译系统能够自动将使用频繁的变量放在寄存器中，不需要程序设计者指定。在实际上用 register 声明变量是不必要的。

本任务：由键盘输入年份，在屏幕上显示该年的日历，每3个月一排，每行显示相邻3个月的同一周。

运行结果

```
                          LALENDAR          2020

* 1*                 Jan   * 2*                 Feb   * 3*                 Mac
SU MO TU WE TH FR SA       SU MO TU WE TH FR SA       SU MO TU WE TH FR SA
--------------------       --------------------       --------------------
          1  2  3  4                          1        1  2  3  4  5  6  7
 5  6  7  8  9 10 11        2  3  4  5  6  7  8        8  9 10 11 12 13 14
12 13 14 15 16 17 18        9 10 11 12 13 14 15       15 16 17 18 19 20 21
19 20 21 22 23 24 25       16 17 18 19 20 21 22       22 23 24 25 26 27 28
26 27 28 29 30 31          23 24 25 26 27 28 29       29 30 31

* 4*                 Apr   * 5*                 May   * 6*                 Jun
SU MO TU WE TH FR SA       SU MO TU WE TH FR SA       SU MO TU WE TH FR SA
--------------------       --------------------       --------------------
          1  2  3  4                       1  2           1  2  3  4  5  6
 5  6  7  8  9 10 11        3  4  5  6  7  8  9        7  8  9 10 11 12 13
12 13 14 15 16 17 18       10 11 12 13 14 15 16       14 15 16 17 18 19 20
19 20 21 22 23 24 25       17 18 19 20 21 22 23       21 22 23 24 25 26 27
26 27 28 29 30             24 25 26 27 28 29 30       28 29 30
                           31

* 7*                 Jul   * 8*                 Agu   * 9*                 Sep
SU MO TU WE TH FR SA       SU MO TU WE TH FR SA       SU MO TU WE TH FR SA
--------------------       --------------------       --------------------
          1  2  3  4                          1              1  2  3  4  5
 5  6  7  8  9 10 11        2  3  4  5  6  7  8        6  7  8  9 10 11 12
12 13 14 15 16 17 18        9 10 11 12 13 14 15       13 14 15 16 17 18 19
19 20 21 22 23 24 25       16 17 18 19 20 21 22       20 21 22 23 24 25 26
26 27 28 29 30 31          23 24 25 26 27 28 29       27 28 29 30
                           30 31

*10*                 Oct   *11*                 Nov   *12*                 Dec
SU MO TU WE TH FR SA       SU MO TU WE TH FR SA       SU MO TU WE TH FR SA
--------------------       --------------------       --------------------
             1  2  3        1  2  3  4  5  6  7              1  2  3  4  5
 4  5  6  7  8  9 10        8  9 10 11 12 13 14        6  7  8  9 10 11 12
11 12 13 14 15 16 17       15 16 17 18 19 20 21       13 14 15 16 17 18 19
18 19 20 21 22 23 24       22 23 24 25 26 27 28       20 21 22 23 24 25 26
25 26 27 28 29 30 31       29 30                      27 28 29 30 31
```

图 3.24　运行结果

步骤一：程序分析。

（1）根据任务要求，划分函数。

（2）为了方便在不同函数间共享数据，设计全局变量。

（3）设计输出日历一排的头部的算法。

（4）设计输出日历一排的日期的算法。

（5）设计如何计算某年、某月、某日是星期几，即要计算出某年中每个月的首日是星期几。其思路是，先计算出公元以来到上一年度最后一天共有多少天，再计算出某年、某月、某日是当年的第几天，这两个数之和对7取余就是星期几。另外，由于每年的总天数不是都一致，还要设计出判断闰年的方法。

步骤二：编写代码，如示例代码3-16所示。

示例代码 3-16

```
#include <stdio.h>
// 闰年用第二行数据，非闰年用第一行数据
int daytab[2][12]={{31,28,31,30,31,30,31,31,30,31,30,31},
                   {31,29,31,30,31,30,31,31,30,31,30,31}};
//12 个月份的英文缩写
char monthname[12][4]={"Jan","Feb","Mac","Apr","May","Jun","Jul",
                       "Agu","Sep","Oct","Nov","Dec"};
int leap,m_data[12];
// 对所有调用函数的说明
int isleapyear(int year);// 计算给定年份是否闰年，是返回 1，否则返回 0
void prttitle(int n,int bmonth);// 输出日历一排的头部
void prtdate(int n,int bmonth);// 输出日历一排的日期
int nopdate(int year,int month,int day);// 计算某年、某月、某日是星期几
int dofy(int year,int month,int day);// 计算某年、某月、某日是当年的第几天
void prtyear(int year);// 输出某年日历

void main()
{
  int year;
  printf("Input Year: ");
  scanf("%d",&year);// 输入要计算年历的年份
  if(year<=0)
  {  printf("Invalid year.\n");// 如果是 0，或者是负数年份，出错退出
     //exit(0);
  }
  prtyear(year);// 正确年份，进行计算并且输出年份
}
void prtyear(int year)// 输出某年日历
{ int i;
  leap=isleapyear(year);// 计算是否闰年，是返回 1，否则返回 0
  for(i=0;i<12;i++)
    m_data[i]=-nopdate(year,i+1,1);
    // 计算该年的每个月的 1 号是星期几 ( 将其负值赋予 ml[ 月份 -1])
  printf("\n\n\t\t\tLALENDAR        %d\n\n\n\n",year);// 输出年历标题
```

```
for(i=0;i<4;i++)// 共输出 4 排，每排 3 个月
 {
  getchar();// 一排输出 3 个月，每输出 3 个月等待键入一个键继续
  prttitle(3,i*3);// 输出一排的月份头
  prtdate(3,i*3);// 输出一排的日期
  printf("\n\n");
 }
}

/* 计算是否闰年，如果是返回值 1，否则返回值 0. 判断的条件是：能够被 4 整除，但不能被 100 整除，或者能够被 400 整除的年份为闰年，否则不是闰年 */
int isleapyear(int year)
{
 return(year%4==0&&year%100!=0| |year%400==0);
}

void prttitle(int n,int bmonth)  // 输出一排的月份头
{ int i,j;
 for(i=0;i<n;i++)
 // 输出月份的阿拉伯数字和英文缩写
  printf("*%2d*          %s      ",bmonth+i+1,monthname[bmonth+i]);
 printf("\n");
 for(i=0;i<n;i++)
  printf("SU MO TU WE TH FR SA     ");// 输出一排 3 个月的星期标题
 printf("\n");
 for(i=0;i<n;i++)// 输出横线
  { for(j=0;j<20;j++)
     printf("-");
    printf("     ");
  }
 printf("\n");
}

void prtdate(int n,int bmonth)// 输出一排的日期

{ int l,i,j;
 for(l=0;l<6;l++)// 每月最多 6 行
 { for(i=0;i<n;i++)// 一行 3 个月段
```

```
    { for(j=0;j<7;j++)// 一个月段输出一个星期的数据
      { m_data[bmonth+i]++;// 例如 2019 年 1 月 1 日是星期二 m_data[1]=-2
       if(m_data[bmonth+i]<1||m_data[bmonth+i]>daytab[leap][bmonth+i])
         printf("   ");// 当日期不在本月日期范围是输出空
       else
         printf("%2d ",m_data[bmonth+i]);// 日期在本月范围输出日期到对应位置
      }
      printf("   ");
    }
   printf("\n");
  }
}

int nopdate(int year,int month,int day)// 计算某年、某月、某日是星期几
{ int c,n,t;
 c=dofy(year,month,day); // 计算某年、某月、某日是当年的第几天
 t=(year-1)+(year-1)/4-(year-1)/100+(year-1)/400+c;
 n=t%7;
 return(n);
}

int dofy(int year,int month,int day)// 计算某年、某月、某日是当年的第几天
{ int i,j,leap;
 j=day;
 leap=isleapyear(year);// 是闰年值为 1,否则值为 0
 for(i=0;i<month-1;i++)
   j+=daytab[leap][i];// 计算某年、某月、某日是这一年的第几天
 return(j);
}
```

拓展任务名称:根据长方体的长宽高求它的体积以及三个面的面积。

运行结果

```
Input length, width and height: 10 20 30
v=6000, s1=200, s2=600, s3=300
Press any key to continue
```

图 3.25　运行结果

程序分析

根据题意，我们希望借助一个函数得到四个值：体积 v 以及三个面的面积 s1、s2、s3。但是 C 语言中的函数只能有一个返回值，我们只能将其中的一份数据，也就是体积 v 放到返回值中，而将面积 s1、s2、s3 设置为全局变量。全局变量的作用域是整个程序，在函数 vs() 中修改 s1、s2、s3 的值，能够影响到包括 main() 在内的其他函数。

编写代码，如示例代码 3-17 所示：

示例代码 3-17

```
#include <stdio.h>
int s1，s2，s3；// 面积
int vs(int a，int b，int c){
    int v；// 体积
    v = a*b*c;
    s1 = a*b;
    s2 = b*c;
    s3 = a*c;
    return v;
}
int main(){
    int v，length，width，height;
    printf("Input length，width and height：");
    scanf("%d %d %d"，&length，&width，&height);
    v = vs(length，width，height);
    printf("v=%d，s1=%d，s2=%d，s3=%d\n"，v，s1，s2，s3);
    return 0;
}
```

本项目通过 4 个任务，介绍 C 语言程序中的基础语法。通过结合项目的学习，了解符号常量的基本用法，学会在程序中灵活运用一维数组和二维数组，掌握字符数组与字符串的关

系，掌握字符串的输入和输出，具备使用变量的能力，为后面的深入学习打下基础。

内容	是否掌握
符号常量的定义	□掌握 □未掌握
一维数组的引用	□掌握 □未掌握
二维数组的引用	□掌握 □未掌握
字符数组的声明	□掌握 □未掌握
字符串的输入输出	□掌握 □未掌握
局部变量和全局变量	□掌握 □未掌握

logical expression	逻辑表达式	define	定义
array	数组	element	元素
call	调用	return value	返回值
parameter	参数	positive number	正数
negative number	负数	syntax	语法

一、选择题

1. 若有语句 int a[8]; 则下述对 a 的描述正确的是__________。
   A. 声明了一个名称为 a 的一维整型数组，共有 8 个元素
   B. 声明了一个数组 a，数组 a 共有 9 个元素
   C. 说明数组 a 的第 8 个元素为整型变量
   D. 以上可选答案都不对
2. 在 C 语言中，引用数组元素时，其数组下标的数据类型允许是_______。
   A. 整型常量　　　　　　　　B. 整型表达式
   C. 整型常量或整型表达式　　D. 任何类型的表达式
3. 以下能对二维数组 a 进行正确初始化的语句是__________。
   A. int a[2][]={{1,0,1},{5,2,3}};　　B. int a[][3]={{1,2,3},{4,5,6}};
   C. int a[2][4]={{1,2,3},{4,5},{6}};　　D. int a[][3]={{1,0,1}{},{1,1}};
4. 以下描述不正确的是__________。
   A. 全局变量可以在函数以外的任何位置进行定义
   B. 一个变量的作用域完全取决于声明该变量语句的位置

C. 一个变量被声明为 static 存储类是为了限制其他编译单位的引用

D. 局部变量“生存期”只限于本次函数调用，不可能将局部变量值保存到下一次调用

5. 如果在一个函数的复合语句中定义了一个变量，则该变量 ________。

A. 只在该复合语句中有效，在该复合语句外无效

B. 在该函数中任何位置都有效

C. 此定义方法错误，其变量为非法变量

D. 在整个程序范围内均有效

二、填空题

1. 局部变量也称为______。局部变量是在函数体内声明的变量。其作用域仅限于函数内，离开声明它的函数后就失去作用。

2. 符号常量在使用之前必须先______。

3. 通过数组名及其后面方括号 [] 内的下标，就可以引用数组中______。

4. 具有多个下标的数组称为多维数组，其中最常用的是二维数组，主要用来表示______。

5. 字符数组是用来存放______的，每一个数组元素存放______。

三、上机题

由键盘输入年份，在屏幕上显示该年的日历，每行显示 3 周，按月份依次输出，运行结果如下图。

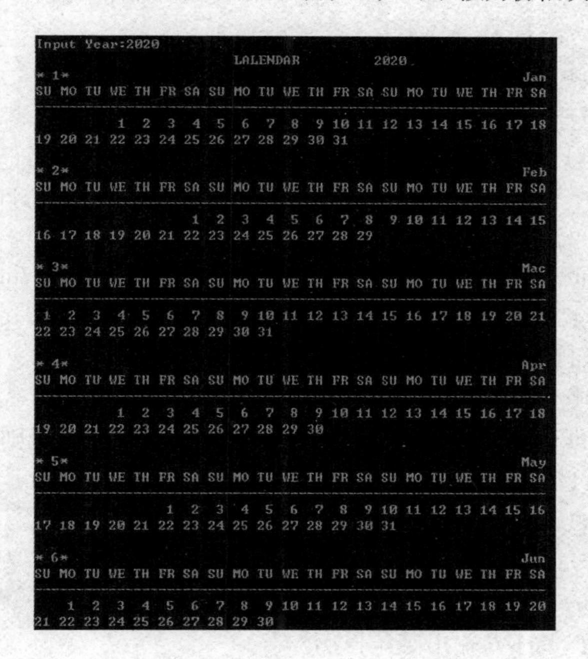

```
* 7*                                                       Jul
SU MO TU WE TH FR SA SU MO TU WE TH FR SA SU MO TU WE TH FR SA
---------------------------------------------------------------
          1  2  3  4  5  6  7  8  9 10 11 12 13 14 15 16 17 18
19 20 21 22 23 24 25 26 27 28 29 30 31
* 8*                                                       Agu
SU MO TU WE TH FR SA SU MO TU WE TH FR SA SU MO TU WE TH FR SA
---------------------------------------------------------------
                   1  2  3  4  5  6  7  8  9 10 11 12 13 14 15
16 17 18 19 20 21 22 23 24 25 26 27 28 29 30 31
* 9*                                                       Sep
SU MO TU WE TH FR SA SU MO TU WE TH FR SA SU MO TU WE TH FR SA
---------------------------------------------------------------
       1  2  3  4  5  6  7  8  9 10 11 12 13 14 15 16 17 18 19
20 21 22 23 24 25 26 27 28 29 30
*10*                                                       Oct
SU MO TU WE TH FR SA SU MO TU WE TH FR SA SU MO TU WE TH FR SA
---------------------------------------------------------------
                1  2  3  4  5  6  7  8  9 10 11 12 13 14 15 16 17
18 19 20 21 22 23 24 25 26 27 28 29 30 31
*11*                                                       Nov
SU MO TU WE TH FR SA SU MO TU WE TH FR SA SU MO TU WE TH FR SA
---------------------------------------------------------------
 1  2  3  4  5  6  7  8  9 10 11 12 13 14 15 16 17 18 19 20 21
22 23 24 25 26 27 28 29 30
*12*                                                       Dec
SU MO TU WE TH FR SA SU MO TU WE TH FR SA SU MO TU WE TH FR SA
---------------------------------------------------------------
       1  2  3  4  5  6  7  8  9 10 11 12 13 14 15 16 17 18 19
20 21 22 23 24 25 26 27 28 29 30 31
```

图 3.26 运行结果

参考程序如示例代码 3-18 所示：

示例代码 3-18

```
#include <stdio.h>
// 闰年用第二行数据，非闰年用第一行数据
int daytab[2][12]={{31,28,31,30,31,30,31,31,30,31,30,31},
                   {31,29,31,30,31,30,31,31,30,31,30,31}};
//12 个月份的英文缩写
char  monthname[12][4]={"Jan","Feb","Mac","Apr","May","Jun","Jul",
        "Agu","Sep","Oct","Nov","Dec"};
int leap,m_data[12];
// 对所有调用函数的说明
int isleapyear(int year);// 计算给定年份是否闰年，是返回 1，否则返回 0
void prttitle(int bmonth);// 输出日历一排的头部
void prtdate(int bmonth);// 输出日历一排的日期
int nopdate(int year,int month,int day);// 计算某年、某月、某日是星期几
int dofy(int year,int month,int day);// 计算某年、某月、某日是当年的第几天
void prtyear(int year);// 输出某年日历

void main()
{
 int year;
```

```
    printf("Input Year: ");
    scanf("%d", &year); // 输入要计算年历的年份
    if(year<=0)
    {  printf("Invalid year.\n"); // 如果是 0，或者是负数年份，出错退出
    }
    prtyear(year); // 正确年份，进行计算并且输出年份

  }

  void prtyear(int year)// 输出某年日历
  { int i;
    leap=isleapyear(year); // 计算是否闰年，是返回 1，否则返回 0
    for(i=0; i<12; i++)
      m_data[i]=-nopdate(year, i+1, 1);
      // 计算该年的每个月的 1 号是星期几 ( 将其负值赋予 ml[ 月份 -1])
    printf("\t\t\tLALENDAR        %d\n", year); // 输出年历标题
    for(i=0; i<12; i++)// 共输出 12 排，每排 1 个月
    {
      getchar(); // 一排输出 1 个月，每输出 1 个月等待键入一个键继续
      prttitle(i); // 输出一排的月份头
      prtdate(i); // 输出一排的日期
    }
  }
  /* 计算是否闰年，如果是返回值 1，否则返回值 0. 判断的条件是：能够被 4 整除，但
不能被 100 整除，或者能够被 400 整除的年份为闰年，否则不是闰年 */
  int isleapyear(int year)
  {
    return(year%4==0&&year%100！ =0||year%400==0);
  }

  void prttitle(int bmonth)  // 输出一排的月份头
  { int i, j;
    // 输出月份的阿拉伯数字和英文缩写
     printf("*%2d*%58s\n", bmonth+1, monthname[bmonth]);
    for(i=0; i<3; i++)
      printf("SU MO TU WE TH FR SA "); // 输出一排 3 个月的星期标题
    printf("\n");
```

```
  for(i=0; i<3; i++)// 输出横线
   { for(j=0; j<20; j++)
       printf("-");
   }
  printf("--\n");
}
void prtdate(int bmonth)// 输出一排的日期
{ int l, j;
  for(l=0; l<3; l++)// 每月最多 3 行
  { for(j=0; j<21; j++)// 一个月段输出一个星期的数据
     { m_data[bmonth]++; // 例如 2019 年 1 月 1 日是星期二 m_data[1]=-2
      if(m_data[bmonth]<1||m_data[bmonth]>daytab[leap][bmonth])
        printf("   "); // 当日期不在本月日期范围是输出空
      else
        printf("%2d ", m_data[bmonth]); // 日期在本月范围输出日期到对应位置
      }
    printf("\n");
   }
}
int nopdate(int year, int month, int day)// 计算某年、某月、某日是星期几
{ int c, n, t;
  c=dofy(year, month, day);  // 计算某年、某月、某日是当年的第几天
  t=(year-1)+(year-1)/4-(year-1)/100+(year-1)/400+c;
  n=t%7;
  return(n);
}
int dofy(int year, int month, int day)// 计算某年、某月、某日是当年的第几天
{ int i, j, leap;
  j=day;
  leap=isleapyear(year); // 是闰年值为 1，否则值为 0
  for(i=0; i<month-1; i++)
    j+=daytab[leap][i]; // 计算某年、某月、某日是这一年的第几天
  return(j);
}
```

项目四　计算个人所得税

通过编写计算个人所得税程序，了解浮点型常量和变量的用法、学习结构体数组和文件的基本操作和使用，能够实现根据个人所得税表，计算出不同收入应缴纳的所得税。在任务实现过程中：

- 了解浮点型相关知识。
- 掌握结构体的含义。
- 掌握结构体数组的定义和使用。
- 掌握引入文件的意义。
- 具有文件基本操作的能力。

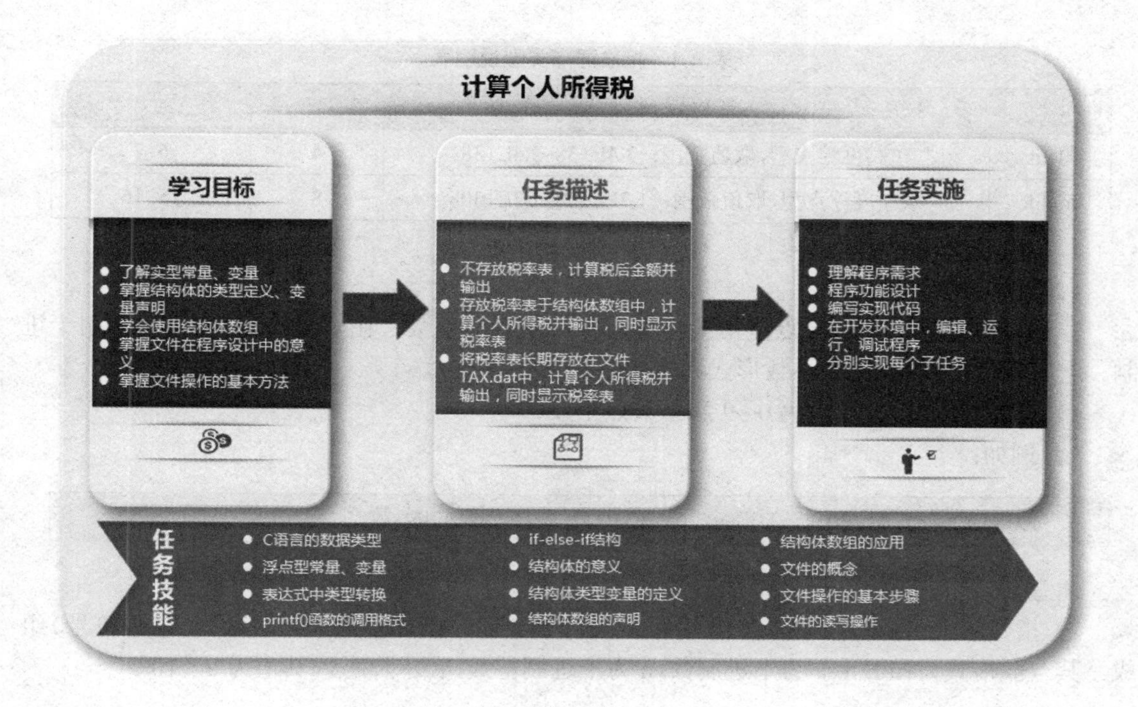

在进入到本项目的学习前，了解C语言数据类型，具备C语言编程基础，能够独立编写简单C语言程序。

任务一　计算个人所得税后输出

任何应用程序都需要处理数据，并需要一些空间来临时存放这些数据。在本任务技能中，我们将学习关于C语言的基础知识：常量、变量的基本概念以及使用。

1　浮点型

（1）浮点型概念

浮点型用于描述现实生活中的实数，例如1.2、123.45等，基本类型为float。可以根据取值的范围和数据精度的不同，通常情况下，将浮点数分为单精度（float）和双精度（double）。如表4.1列出了关于标准浮点类型的存储大小、值范围和精度的细节。

表4.1　标准浮点类型说明表

类型	说明	字节数	有效数字
float	单精度浮点型，取值范围：-3.4E+38~3.4E+38	4	6~7
double	双精度浮点型，取值范围：-1.7E+308~1.7E+308	8	15~16

（2）浮点型常量

浮点型也称为实型。浮点型常量也称为实数或者浮点数。在C语言中，实数只采用十进制。它有二种形式：十进制小数形式和指数形式。

1）十进制数形式：由数码0~9和小数点组成。

例如：

1.0、15.8、5.678、-0.13、500.、-267.8230等均为合法的实数。

注意，必须有小数点。

2）指数形式：由十进制数，加阶码标志“e”或“E”以及阶码（只能为整数，可以带符号）组成。其一般格式为：a E n（a为十进制数，n为十进制整数，表示阶码），其值为$a \times 10^n$。

例如：

3.2E5（等于 3.2×10^5），4.7E-2（等于 4.7×10^{-2}），0.6E7（等于 0.6×10^7）

以下不是合法的实数：

456（无小数点），E8（阶码标志 E 之前无数字），-5（无阶码标志），53.-E3（负号位置不对），2.7E（无阶码）

标准 C 允许浮点数使用后缀。后缀为“f”或“F”即表示该数为浮点数。如 678f 和 678. 是等价的。

（3）浮点型变量

C 语言中浮点型变量指的就是实数变量（存放可以带小数的数据的变量），分为两类：float（单精度型）和 double（双精度型）。

```
float d;    /* 声明浮点型变量 d*/
double real;  /* 声明双精度型变量 real*/
```

拓展：

单精度浮点数占用 4 个字节（32 位）存储空间，其数值范围为 -3.4E+38~3.4E38，单精度浮点数的十进制有效数字为 6~7 位，单精度浮点数的指数用“E”或“e”表示。如果某个数的有效数字位数超过 7 位，当把它定义为单精度变量时，超出的部分会自动四舍五入。

双精度浮点数占 8 个字节（64 位）内存空间，其数值范围为 -1.7E308~1.7E+308。双精度完全保证的有效数字是 15 位，16 位只是部分数值有保证。

2　格式输出函数 printf()

前面已经提到过，printf() 函数的格式字符串的一般格式如下：

[提示信息][% [标志][输出最小宽度][.精度][长度]类型符号]

非格式符　　格式字符

图 4.1　格式字符串一般格式

进一步格式说明：

（1）其中类型符号用以表示输出数据的类型，讲过的有 d、c 和 s，其余类型符号的格式符和意义如表 4.2 所示。

表 4.2　类型符号及意义

格式字符	意义
d	以十进制形式输出带符号整数（正数不输出符号），如果是长整型数据前面一个加上字符“%l”。

续表

格式字符	意义
o	以八进制形式输出无符号整数（不输出前缀 0）
x，X	以十六进制形式输出无符号整数（不输出前缀 Ox）
u	以十进制形式输出无符号整数
f	以小数形式输出单、双精度实数，如果不指定输入宽度，整数部分全部输出，输出 6 位小数（可能不是有效数据）
e，E	以指数形式输出单、双精度实数
g，G	以 %f 或 %e 中较短的输出宽度输出单、双精度实数
c	输出单个字符
s	输出字符串

（2）精度：精度格式符以“.”开头，后跟十进制整数。本项的意义是：如果输出数字，则表示小数的位数；如果输出的是字符，则表示输出字符的个数；若实际位数大于所定义的精度数，则截去超过的部分。

例如，数字数据的格式输出。如示例代码 4-1 所示：

示例代码 4-1

```
#include <stdio.h>
void main()
{
float b=123.1234587;
double c=12345678.1234567;
printf("b=%f, %lf, %5.4lf, %e\n", b, b, b, b);
printf("c=%lf, %f, %8.4lf\n", c, c, c);
}
```

运行结果：

```
b=123.123459,123.123459,123.1235,1.231235e+002
c=12345678.123457,12345678.123457,12345678.1235
```

图 4.2 运行结果

程序说明：

①第一条输出语句以四种格式输出实型量 b 的值。其中“%f”和“%lf”格式的输出相同，说明“l”符对“f”类型无影响。另外，由于“%f，%lf”未指定输出宽度和精度，前两个 b 值的输出只有六位小数，而且最后一位小数无实际意义。“%5.4lf”指定输出宽度为 5，精度为 4，由于实际长度超过 5 故应该按实际位数输出，小数位数超过 4 位部分被截去。对于“%e”表示要按指数格式输出变量 b 的值。

②第二条输出语句输出双精度实数，“%8.4lf”由于指定精度为 4 位故截去了超过 4 位的部分，最后一位小数按“四舍五入”的方式保留。

3　表达式中的类型转换

不同类型的数据在一起进行运算时，需要进行类型的转换。C 语言提供的类型转换方法有两种，一种是自动转换，一种是强制转换。

（1）自动转换

在某种范围内整型数据可以和字符型数据通用，而整型是浮点型的一种特殊形式。因此，整型、浮点型和字符型数据之间可混合运算。例如：3.45+10+'a'−2.5*'c'，是合法的。在混合运算时，编译系统先将不同数据类型数据自动转换成同一类型，再进行运算。

自动转换遵循以下规则：

①若参与运算量的类型不同，则先转换成同一类型，然后进行运算。

②转换按数据长度增加的方向进行，以保证精度不降低。如 int 型和 long 型运算时，先把 int 量转成 long 型后再进行运算。

③所有的浮点运算都是以双精度进行的，即使仅含 float 单精度量运算的表达式，也要先转换成 double 型，再作运算。

④ char 型和 short 型参与运算时，必须先转换成 int 型。

⑤在赋值运算中，赋值号两边量的数据类型不同时，赋值号右边量的类型将转换为左边量的类型。如果右边量的数据类型长度比左边长时，将丢失一部分数据，这样会降低精度，丢失的部分按四舍五入向前舍入。C 语言自动类型转换如图 4.3 所示。

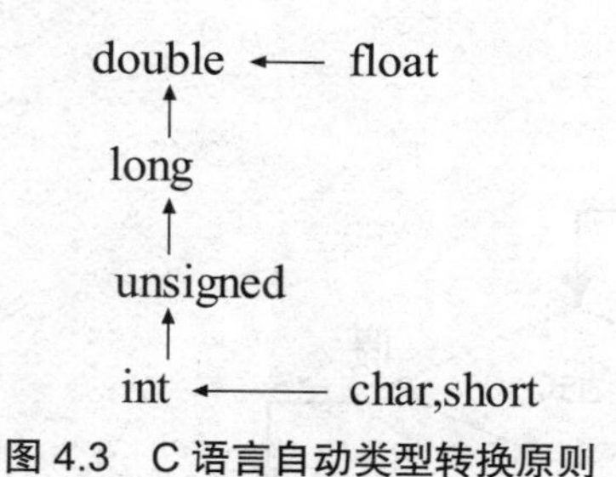

图 4.3　C 语言自动类型转换原则

（2）强制类型转换

除了自动类型转换之外，程序设计人员还可以根据运算的要求，在程序中强行将数据的类型进行转换，称为强制类型转换。强制类型转换是通过类型转换运算来实现的，其一般格式如下：

```
(类型说明符) (表达式)
```

格式说明：

①强制类型转换符的功能是把表达式的运算结果强制转换成类型说明符所表示的类型。

②类型说明符和表达式都必须加括号（单个变量可以不加括号），如把 (int)(x+y) 写成 (int) x+y，则变成把 x 转换成 int 型之后再与 y 相加了。

③无论是强制转换或是自动转换，都只是为了本次运算的需要而对变量的数据长度进行的临时性转换，而不改变数据说明时对该变量定义的类型。

4 if-else 嵌套结构

在程序设计中，经常使用级联的 if-else-if 实现多路分支结构一般格式：

```
if ( 表达式 1)
语句 1;
else if ( 表达式 2)
语句 2;
else if ( 表达式 3)
语句 3;
…
else if ( 表达式 m)
语句 m;
else
语句 m+1;
```

语句功能：当"表达式 1"的值为"逻辑真"时，执行"语句 1"；否则判断"表达式 2"的值，为"逻辑真"执行"语句 2"；否则继续判断"表达式 3"的值，为"逻辑真"执行"语句 3"；否则……，以此类推。执行流程如图 4.4 所示。

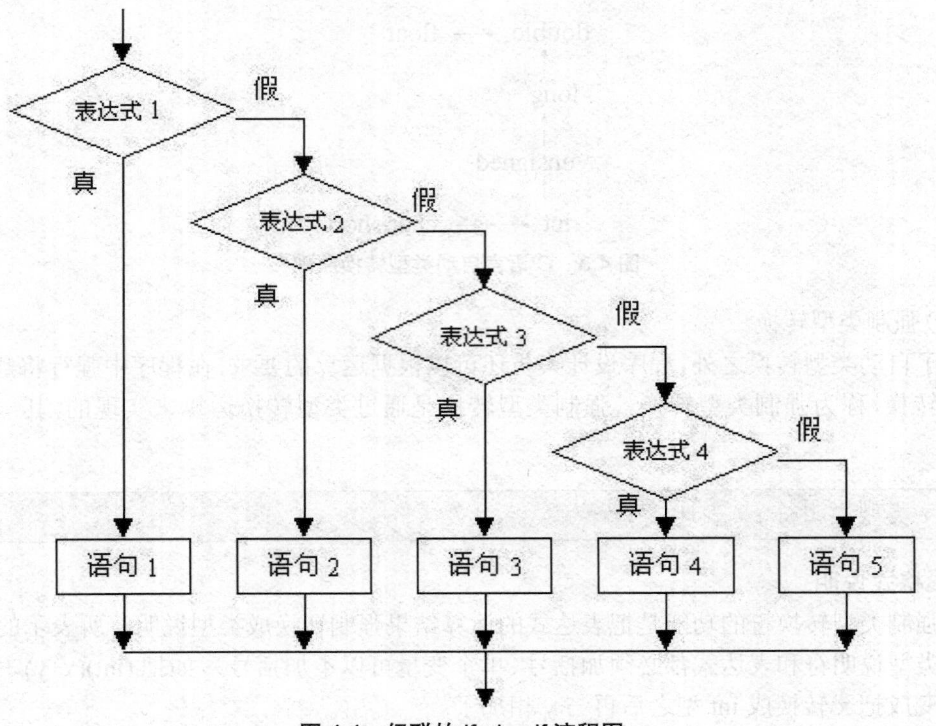

图 4.4 级联的 if-else-if 流程图

例如，编写程序，实现为百分制成绩划分等级。如示例代码 4-2 所示：

示例代码 4-2

```
#include <stdio.h>
void main( )
{
 float score;
 scanf("%f",&score);
 if (score>=90) printf(" A\n");
else if(score>=80) printf("B\n");
    else if(score>=70) printf("C\n");
         else if (score>=60) printf("D\n");
              else printf("E\n");
}
```

运行结果：

图 4.5　运行结果

5　条件语句使用小结

一个表达式的返回值都可以用来判断真假，除非没有任何返回值的 void 型和返回无法判断真假的结构。当表达式的值不等于 0 时，它就是“真”，否则就是假。一个表达式可以包含其他表达式和运算符，并且基于整个表达式的运算结果可以得到一个真或假的条件值。因此，当一个表达式在程序中被用于检验其真或假的值时，就称为一个条件。

（1）if 语句

if（表达式）语句 1；如果表达式的值为非 0，则执行语句 1，否则跳过语句继续执行下面的语句。如果语句 1 有多于一条语句要执行时，必须使用 { 和 } 把这些语句包括在其中，此时条件语句形式为：

```
if(表达式)
{
语句 1;
}
```

使用 if 语句示例代码如下：

```
if(x<=0) x=5;
```

```
if(a| |b&&c)
{
z=a+b;
c+=z;
}
```

（2）if-else 语句

除了可以指定在条件为真时执行某些语句外，还可以在条件为假时执行另外一段代码。在 C 语句中利用 else 语句来达到这个目的。if—else 语句格式为：

```
if( 表达式 ) 语句 1;
else 语句 2;
```

同样，当语句 1 或语句 2 是多于一个语句时，需要用 {} 把语句括起来。

使用 if—else 语句示例代码如下：

```
if(x>=0) y=x;
else y=-x;
```

（3）if-else 嵌套

if-else 嵌套是从上到下逐个对条件进行判断，一旦发现条件满足就执行与它有关的语句，并跳过其他剩余阶梯；若没有一个条件满足，则执行最后一个 else 语句 n。最后这个 else 常起着缺省条件的作用。同样，如果每一个条件中有多于一条语句要执行时，必须使用 { 和 } 把这些语句包括在其中。

条件语句可以嵌套，这种情况经常碰到，但条件嵌套语句容易出错，其原因主要是不知道哪个 if 对应哪个 else。其语句格式为：

```
if( 表达式 1)
语句 1;
else if( 表达式 2)
语句 2;
else if( 表达式 3)
语句 3;
……
else
语句 n;
```

使用 if-else 嵌套示例代码如下：

```
if(x>20| |x<-10)
if(y<=100&&y>x)
```

```
printf("Good");
else
printf("Bad");
if(x>20| |x<-10)
if(y<=100&&y>x)
printf("Good");
else
printf("Bad");
```

（4）switch-case 语句

在编写程序时，经常会碰到按不同情况分转的多路问题，这时可用嵌套 if-else 语句来实现，但嵌套 if-else 语句使用不方便，并且容易出错。对这种情况，可以使用 switch 开关语句，执行 switch 开关语句时，将变量逐个与 case 后的常量进行比较，若与其中一个相等，则执行该常量下的语句，若不与任何一个常量相等，则执行 default 后面的语句。其语句格式为：

```
switch( 变量 )
{
case 常量 1：
  语句 1 或空；break；
case 常量 2：
  语句 2 或空；break；
.
.
.
case 常量 n：
  语句 n 或空；break；
default：
  语句 n+1 或空；
}
```

使用 switch 开关语句示例代码如下：

```
switch(num)
{
case 10：
case 9：
  grade='A'；
  break；
case 8：
```

```
        grade='B';
        break;
    case 7:
        grade='C';
        break;
    case 6:
        grade='D';
        break;
    default:
        grade='E';
        break;
    }
```

注意：

•switch 中变量可以是数值，也可以是字符，但必须是整数。

•可以省略一些 case 和 default。

•每个 case 或 default 后的语句可以是语句体，但不需要使用｛和｝括起来。

本任务：根据国家发布的个人所得税税率表，计算出某人某月应缴纳的个人所得税。税率表数据直接编写在程序，直接计算个人所得税后输出。

运行结果

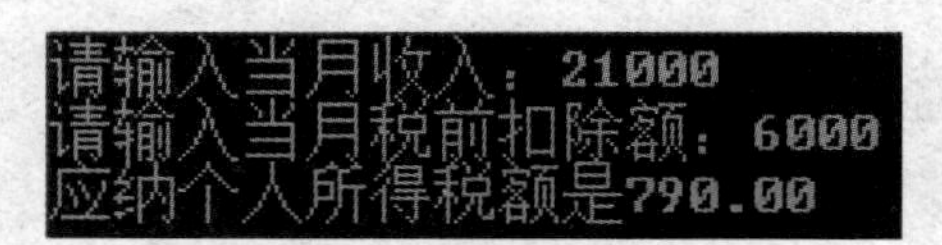

图 4.6　运行结果

步骤一：需求分析。

（1）根据国家税法给出的是按年份收入总和扣税方法，实际生活中是按月扣税，因此首先需要完成的工作是，编制对应的按月个人所得税税率表，如表 4.3 所示。

表 4.3　按月个人所得税税率表 1（综合所得适用）

级数	当月应纳税所得额	税率（%）	速算扣除数
1	不超过 3000 元的	3	0
2	超过 3000 元至 12000 元的部分	10	210
3	超过 12000 元至 25000 元的部分	20	1410

续表

级数	当月应纳税所得额	税率（%）	速算扣除数
4	超过 25000 元至 35000 元的部分	25	2660
5	超过 35000 元至 55000 元的部分	30	4410
6	超过 55000 元至 80000 元的部分	35	7160
7	超过 80000 元的部分	45	15160

计算公式为：

每月应纳税所得额 = 月度收入 -5000 元（起征点）- 月度税前扣除额

每月纳税额 = 每月应纳税所得额 × 对应税率 - 对应速算扣除数

（2）本程序中的主要数据均应为浮点型。

（3）表示 s 的取值范围是 3000 <x ≤ 12000 时，可以使用逻辑运算，但是使用 if-else-if 语句会使程序更简洁，增加可读性。

步骤二：编写代码，如示例代码 4-3 所示。

示例代码 4-3

```
#include <stdio.h>
void main()
{
  double salary，s，tax，tax_free;
  printf(" 请输入当月收入：");
  scanf("%lf",&salary);
  printf(" 请输入当月税前扣除额：");
  scanf("%lf",&tax_free);
  if(salary>=0)
  {
      s=salary-5000-tax_free;
      if(s<=0)
        tax=0;
      else
      {
        if(s<=3000)
           tax=s*0.03;
        else if(s<=12000)
           tax=s*0.1-210;
        else if(s<=25000)
           tax=s*0.2-1410;
        else if(s<=35000)
```

```
            tax=s*0.25-2660;
        else if(s<=55000)
            tax=s*0.3-4410;
        else if(s<=80000)
            tax=s*0.35-7160;
        else
            tax=s*0.45-15160;
        }
    }
    printf(" 应纳个人所得税额是 %.2lf\n",tax);
}
```

拓展任务名称：输入三角形的三边 a、b、c，判断 a、b、c 能否构成三角形，如果能够构成三角形则判断为何种类型的三角形：等腰三角形、等边三角形、直角三角形，等腰直角三角形、一般三角形。

运行结果

图 4.7 运行结果

程序分析

当输入的非零数有一个小于零的时候，不能够组成三角形；一般三角形：两条边长之和大于第三条边长，即（a+b>c）、（a+c>b）、（b+c>a）全部满足的时候则为一般三角形。等腰三角形：两条边长相等，即需要满足条件 a==b&&b!=c| |a==c&&b!=c| |b==c&&a!=c；等边三角形：三条边长相等，即需要满足条件 a==b&&b==c；直角三角形：两条边长的平方和等于第三条边长的平方，即满足条件 aa+bb==cc| |aa+cc==bb| |bb+cc==aa 才可以。

编写代码，如示例代码 4-4 所示：

示例代码 4-4

```
#include<stdio.h>
void main()
{
```

```
float a,b,c,aa,bb,cc;// 定义三边及三边的平方
int flag=0;
printf(" 请输入三个非零数:");
scanf("%f,%f,%f",&a,&b,&c);// 读取用户输入的数,并分别赋值给 a,b,c
aa=a*a;
bb=b*b;
cc=c*c;
if((a<=0)| |(b<=0)| |(c<=0))
printf(" 输入数据有误! ");// 判断输入的数据是否都是非零
else // 如果数据无误,进行下面判断
if((a+b>c)&&(a+c>b)&&(b+c>a))// 任意两边之和大于第三边就能够成三角形
{
if(a==b&&b==c)
printf("\n 输入的三个数能构成等边三角形 \n");// 三边相等为等边三角形
else
if(a==b&&b!=c| |a==c&&b!=c| |b==c&&a!=c)
{
flag=1;
printf(" 输入的三个数能构成等腰三角形 \n");// 任意两边边相等为等边三角形
}
else
if(aa+bb==cc||aa+cc==bb||bb+cc==aa)// 勾股定理
{
printf(" 输入的三个数能构成直角三角形 \n");
if(flag==1)
printf(" 因此,该三角形为等腰直角三角形 \n");
// 有一个角为直角的等腰三角形为等腰直角三角形
}
else
printf(" 输入的三个数能构成一般三角形 \n");
}
else printf(" 输入的三个数不能构成三角形 \n");// 否则不能构成三角形
}
```

任务二 将税率表存放在结构体数组中，然后再计算个人所得税并输出

C 语言结构体从本质上讲是一种自定义的数据类型，但是这种数据类型比较复杂，是由 int、char、float 等基本类型组成的。可以说是结构体是一种聚合类型。学了结构体后，在开发中就不需要再定义多个变量了，将它们都放到结构体中即可。

1 结构体的意义

首先考虑解决下面一个问题，输入一个学生的学号、姓名、性别、班级以及他的数学、外语和语文的三科课程成绩，求出他的总分和平均分。

问题分析：通过该项目的问题描述，可知通过顺序结构就可以编写出这个项目的解决程序，用四个字符数组变量分别表示学号、姓名、性别、班级；用三个浮点类型变量表示学生的三科成绩，然后通过计算求出总分和平均分并输出即可。

示例代码 4-5

```
#include <stdio.h>
void main( )        / * 输入学生的基本信息和三科成绩，求出总分和平均分 */
{
  char sno[10];                /* 学号 */
  char sname[10];              /* 姓名 */
  char sex[2];                 /* 性别 */
  char cname[30];              /* 班级名称 */
  int math, english, chinese;      /* 数学、英语、语文成绩 */
  float sum, avg;              /* 总分和平均分 */
  printf( "please input sno, sname, sex and classname: \n" );
  scanf( "%s%s%s%s", sno, sname, sex, cname);
  printf( "please input math, english, chinese: \n");
  scanf( "%d, %d, %d", &math, &english, &chinese);
  sum=math+english+chinese;
  avg=sum/3.0;
  printf("no: %s, name: %s\n", sno, sname);
```

```
printf( "sum=%4.1f,avg=%4.1f",sum,avg);
}
```

程序说明：

本程序共用了9个变量来表示一个学生的基本信息和程序信息，整个成绩采用顺序结构，处理比较简单。但是如果将问题进行扩展，将项目问题改为统计一个班级的学生信息，用上述程序解决起来就比较繁琐了。如果一个班级有30名学生的话，就需要声明270个变量来解决这个问题，这对一个程序来说，是相当大的麻烦，可不可以将描述一个学生信息的不同类型的数据组合起来，表示学生的指定特征，从而寻求一种方法来将问题解决简单化呢？

在实际的项目中，这样的类似问题比比皆是，如通讯录、教师信息表、用户信息表等表格数据的处理，都需要用多个不同类型的数据项来表示某个事物的特征，使用C语言中的基本数据类型来编写程序解决这类问题力不从心。针对这个情况，C语言提供了复杂的构造类型——结构体类型，可以帮助我们很容易地解决问题。

2　结构体类型的定义

C语言提供了一个重要的构造数据类型——结构体类型，来解决复杂事物表示问题，它将多个数据项集合到一个数据类型中，每个数据项目被称为数据成员，它们可以是不同的数据类型，既可以是基本数据类型，也可以是另一种构造数据类型。结构体数据类型的一般定义如下：

```
struct 结构体名
{
  数据类型 1  成员名 1;
  数据类型 2  成员名 2;
  数据类型 3  成员名 3;
  ……      ……
  数据类型 n  成员名 n;
};
```

说明：

（1）struct为结构体类型的关键字，不能省略，它与结构体名合在一起构成结构体类型的完整名称。

（2）结构体名可以用户自定义，命名原则要符合C语言标识符的书写规定；

（3）大括号内的数据可以用户自定义，标识结构体类型的成员名称，声明方式与普通变量相同。

（4）大括号外的“；”不能省略。

根据上述定义格式，可以将学生信息定义为如下的结构体类型：

```
struct student{
```

```
        char sno[10];                      /* 学号 */
        char sname[10];                    /* 姓名 */
        char sex[2];                       /* 性别 */
        char cname[30];                    /* 班级名称 */
        int math, english, chinese;        /* 数学、英语、语文成绩 */
        float sum, avg;                    /* 总分、平均分 */
    };
```

3 结构体类型变量的定义

上面声明了一个结构体类型，它相当于一个模型，其中并无具体数据，只有定义了具有结构体类型的变量之后，才能在其中存放具体的数据。在 C 语言中，可以使用三种方式定义结构体类型的变量：

（1）直接声明结构体类型变量

这种方式要求在 struct 后不使用结构体名，例如：

```
struct{
  ……
} st1, st[2];
```

这种方式一般适用于不需要再次声明此类型的结构体变量的情况。

（2）先定义结构体类型，再单独声明结构体类型变量

这种方式要求先定义结构体类型，再由一条单独的语句声明变量，例如：

```
struct student{
  ……
};
struct student  st1, st[2];
```

这种方式适用于各种编程情况，在实际编程中使用较多，但是要注意，声明变量的时候，struct 关键字不能省略，必须与结构体名共同来声明不同的变量，因为 student 不是类型标识符，只有将 struct 和 student 放在一起才能唯一地确定一个结构体类型。

（3）定义类型的同时声明变量

这种方式将类型的定义和变量的声明放在一起，例如：

```
struct student{
  ……
} st1, st[2];
```

这种方式也适用于各种编程情况。

4　关键字 typedef 的用法

在结构体类型变量的第二种声明方式中，要用关键字 struct 和结构体名共同来声明变量，尤其当结构体名称较长时，记忆起来不方便，C 语言提供了关键字 typedef 来简化类型定义，提高程序的可读性。

C 语言允许用 typedef 来说明一种新类型名，其一般格式如下：

```
typedef 原类型名 新类型名;
```

例如：

```
typedef float REAL;     /* 指定用 REAL 代表 float 类型 */
```

用上述一条语句定义完后，则以下声明变量的方法是等价的。

```
float a;  和  REAL a;
```

通过使用 typedef 关键字，我们又知道了声明结构体变量的第四种方式，即使用 typedef 说明一个结构体类型名，再用新类型名来声明变量，例如：

```
typedef struct {
    char sno[10];                    /* 学号 */
    char sname[10];                  /* 姓名 */
    char sex[2];                     /* 性别 */
    char cname[30];                  /* 班级名称 */
    int math,english,chinese;        /* 数学、英语、语文成绩 */
    float sum,avg;                   /* 总分、平均分 */
} Student;
Student st1;
```

说明：

（1）typedef 只是为已经存在的类型定义了一个新类型名，并没有创建新的类型；

（2）typedef 与 #define 有相似之处，例如 typedef int INTEGER 与 #define INTEGER int 都是用 INTEGER 代表 int，但 #define 是在编译预处理时处理的，只能作为简单的字符串替换；而 typedef 是在编译时处理的，并不是做简单的字符串替换。

5　结构体变量的引用和初始化

（1）结构体变量的引用

声明完一个结构体类型的变量之后，就可以在程序中使用它了。但是，要注意的是：不能将一个结构体变量作为一个整体来直接使用，只能通过引用变量中的成员来实现对结构体变量的使用。引用结构体变量中成员的格式为：

结构体变量名 . 成员名

说明："."称为成员运算符，是引用成员的通用运算符；

例如，声明学生类型的结构变量，实现学生信息的输入和输出，如示例代码 4-6 所示。

示例代码 4-6

```
#include<stdio.h>
#include<string.h>
typedef struct{
  char sno[10];                    /* 学号 */
  char sname[10];                  /* 姓名 */
  char sex[2];                     /* 性别 */
  char cname[30];                  /* 班级名称 */
  int math，english，chinese；          /* 数学、英语、语文成绩 */
  float sum，avg；                  /* 总分、平均分 */
} Student；
void main()
{
  Student st；          /* 变量声明 */
  Student*Pst
  printf("please input the information of a student：\n")；
  scanf("%s%s%s%s"，st.sno，st.sname，st.sex，st.cname)；
  scanf("%d%d%d"，&st.math，&st.english，&st.chinese)；
  st.sum=st.math+st.english+st.chinese；
  st.avg=st.sum/3.0；
  Pst=&st；
  printf("The information of information is below：\n")；
  printf("no=%s\t name=%s\t sex=%s\t classname=%s\n"，st.sno，st.sname，st.sex，
  st.cname)；
 printf("math=%4d\t english=%4d\t chinese=%4d\n"，st.math，st.english，st.chinese)；
 printf("sum score is：%5.1f\t average score is：%4.1f\n"，st.sum，st.avg)；
}
```

程序说明：

①这个结构体类型共有 9 个数据成员，用于描述学生的基本信息和成绩信息。结构体变量的输入、输出，就是分别对其成员输入、输出；

②不能将一个结构体变量作为一个整体进行输入和输出。

（2）结构体变量的初始化

通过学习以前的知识，可知一个变量在声明的时候可以给它赋初值，即变量的初始化。结

构体变量初始化的一般格式如下：

```
struct 结构体名
{
  成员声明列表;
} 结构体变量名 ={ 初始化值列表 };
```

说明："初始化值列表"中的各个值用逗号","分隔。

例如，声明学生类型的结构变量，实现学生信息的输入和输出。

```
/* 初始化学生类型的结构体变量，并输出 */
#include <stdio.h>
void main()
{
  struct student{
    char sno[10];                /* 学号 */
    char sname[10];              /* 姓名 */
    char sex[2];                 /* 性别 */
    char cname[30];              /* 班级名称 */
    float math,english,chinese;      /* 数学、英语、语文成绩 */
    float sum,avg;               /* 总分、平均分 */
  } st={"20070101","Zhang san","1","Computer network1",66,77,88};
  st.sum=st.math+st.english+st.chinese;
  st.avg=st.sum/3.0;
  printf("The information of information is below: \n");
  printf("no=%s\t name=%s\t sex=%s\t classname=%s\n",st.sno,st.sname,st.sex,
        st.cname);
  printf("math=%4.1f\t english=%4.1f\t chinese=%4.1f\n",st.math,st.english,
        st.chinese);
  printf("sum score is: %5.1f\t average score is: %4.1f\n",st.sum,st.avg);
}
```

程序说明：

①在进行结构体变量初始化的时候，初始化值一定要和成员的数据类型匹配；②初始化的时候，可以只对结构体变量的部分成员初始化，但是要依据向左向齐的原则，即按照成员变量的顺序初始化，下面的初始化就是错误的。

```
struct student{
 ……
} st={"20070101","Zhang san","1",66,77,88};
```

因为上面语句在初始化的时候，在性别和成绩之间缺少了一个班级名称成员的初始化，这种错误造成的结果就是，数据值的对应错位，程序的预期结果错误。

6 结构体数组的声明

结构体类型是将多个不同基类型的数据组合在一起表示特定的学生，当需要对一个班级的 30 名学生数据进行处理的时候，显然就要用到数组了，这就是结构体数组。结构体数组的每个元素都是具有相同结构类型的下标结构体变量。在实际应用中，经常用结构体数组来表示具有相同数据结构的一类数据。

与声明普通变量类似，结构体数组的声明有两种方式：

（1）先定义结构体类型，再声明结构体数组

这种方式先定义一个结构体类型，然后用该类型名声明数组，这是一种间接定义方式。

例如：

```
struct student{
  char sno[8];
  char sname[10];
  char sex[2];
  char cname[30];
};
struct student st[3];
```

这就声明了一个结构体数组 st，它一共有 3 个元素，分别是 st[0]~st[2]，它们都具有 struct student 的结构形式。

（2）在声明结构体类型的同时声明结构体数组，这是一种直接声明方式。

例如：

```
struct student{
  char sno[8];
  char sname[10];
  char sex[2];
  char cname[30];
} st[30];
```

7 结构体数组的初始化

和其他类型数组一样，对结构体数组可以进行初始化，其一般格式如下：

```
struct 结构体类型名
{
成员定义列表;
} 结构体数组名 ={ {…},{…},…};
```

例如：

```
struct student{
    char sno[8];
    char sname[10];
    char sex[2];
    char cname[30];
} st[2]={{"20070101","Zhang san","1","class one"},{"20070201","Li si","1",
    "class two"}};
```

说明：在定义结构体数组时，元素的个数可以不指定，即可以写成以下格式：

```
st[]={{…},{…},…};
```

编译时，系统会根据给出初值的结构体变量的个数来确定数组元素的个数。

8　结构体数组的应用实例

例如求出3个学生中最高分数的学生姓名和成绩信息。设学生信息只有姓名信息和成绩信息两个成员，学生姓名在数组定义时初始化，输入学生的成绩，要求最后输出分数最高的学生姓名和成绩。

问题分析：

通过实例描述，首先应该通过数组初始化来为数组的姓名成员赋初值，然后输入对应学生的成绩信息，最后通过比较得到最高分学生的姓名信息和成绩信息，如示例代码4-7所示。

示例代码 4-7

```
#include<string.h>
#include<stdio.h>
struct student{
  char sname[10];              /* 学生姓名 */
  int score;               /* 学生成绩 */
};
void main()
{
  int i;
  float max_score=0.0;
  char max_name[10];
  struct student st[3]={{"Zhan san"},{"Li si"},{"Wang wu"}};
  printf("Please input the score for student: \n");
  for(i=0; i<3; i++)
  {
    printf("%s: \n",st[i].sname);
```

```
        scanf("%d",& st[i].score);
        if (max_score<st[i].score)
        {  max_score=st[i].score;
          strcpy(max_name,st[i].sname);      }
        }
      printf("The best student is below: \n");
      printf("name=%s\t score=%4.1f\n",max_name,max_score);
    }
```

程序说明：

①程序定义一个结构体数组 st，它有 3 个元素，每一个元素包含两个成员 sname（姓名）和 score（成绩）。在定义数组的时候，初始化每个元素的姓名信息；②变量 max_name、max_score 用来存储成绩最高的学生姓名和成绩信息；③程序用一个 3 次的循环输入学生的成绩，并比较大小，以获得最高成绩的学生姓名信息和成绩信息。

9 数组名作为函数参数

C 语言规定，一个数组名代表数组的内存首地址，即数组的第一个元素的地址，它实际上是一个地址值。要向函数传递整个数组时，给出数组名和数组大小就可以了。

数组名作函数参数时应注意：

（1）应该在调用函数和被调用函数中分别声明数组，且数据类型必须一致，否则结果将出错。

（2）形参数组可以不指定大小，但需另设一个参数传递数组的个数。因为 C 编译对形参数组大小不做检查，只将实参数组首地址传递给形参数组。

（3）传递数组名时，实参数组的内容并没有复制到形参数组中，而是把数组的首地址传递给被调函数。这样被调函数中的数组就指向内存中相同的数组。

例如，编写函数使整型数组逆序排列，如示例代码 4-8 所示。

示例代码 4-8

```
#define N 10
#include <stdio.h>
void sort(int v[],int n)  /* 将数组元素逆序排列 */
{
 int i,temp;
 for(i=0;i<(N-1)/2;i++)     /* 数组名作函数参数调用，数组值改变 */
 {
  temp=v[i];
  v[i]=v[N-1-i];
  v[N-1-i]=temp;
```

```
    }
  }
  void main()
  {
   int i,a[N];
   printf("Numbers before sorting\n");
   for(i=0;i<N;i++)
   {
    a[i]=i+1;
    printf("%-3d",a[i]);
   }
   printf("\n");
   sort(a,N);              /* 调用 sort 函数,无返回值 */
   printf("Numbers after sorting\n");
   for(i=0;i<N;i++)         /* 输出改变后的数组 */
     printf("%-3d",a[i]);
   printf("\n");
  }
```

程序说明：

从程序中可看到，当作为形参的数组 v 的元素改变后，也影响到了主调函数中实参数组 a 的元素。这与 C 语言的函数参数都是单向值传递有矛盾吗？答案肯定是没有！作为参数值的地址值并没有改变，改变的只是地址中存放的内容。通过这种方式，可以间接地改变主调函数中的数据。

根据国家发布的个人所得税税率表，计算出某人某月应缴纳的个人所得税。将税率表存放在结构体数组中，然后再计算个人所得税并输出。

运行结果

图 4.8　运行结果

步骤一：程序分析。

（1）数据结构设计

前面任务1的程序是可以解决问题，但是显然不符合结构化程序设计思想，程序可读性较差，而且借助多重if-else-if结构，倘若个人所得税的划分等级不断增加，则还需要相应地增加嵌套层数，这是不正确的编程思维。

现在来考虑如何把个人所得税税率表存储在相应的数据结构中，为了便于存储，先对个人所得税税率表进行改造，如表4.4所示。

表4.4　按月个人所得税税率表2（综合所得适用）

级数	当月应纳税所得额下限（元）	当月应纳税所得额上限（元）	税率（%）	速算扣除数
1	0	3000	3	0
2	3000	12000	10	210
3	12000	25000	20	1410
4	25000	35000	25	2660
5	35000	55000	30	4410
6	55000	80000	35	7160
7	80000	-	45	15160

与该个人所得税税率表对应的结构体如下：

```
struct tax_st
{ long left;     // 当月应纳税所得额下限
  long right;    // 当月应纳税所得额上限
  int tax;       // 相应税率
  long deduct;   // 相应速算扣除数
};
```

（2）算法设计

关键是利用循环实现与个人所得税税率表中的每一行逐一比较，遇到符合区间的直接按公式计算，然后退出该层循环。值得注意的是最后一行仅有下限，没有上限，所以要单独处理。

步骤二：编写代码，如示例代码4-9所示。

示例代码4-9

```
#include <stdio.h>
#define SIZE 7   // 当前执行的个人所得税税率表行数
typedef struct tax_st
{ long left;     // 当月应纳税所得额下限
  long right;    // 当月应纳税所得额上限
```

```
    int tax;        // 相应税率
    long deduct;    // 相应速算扣除数
  } TAX_LIST;
  void acceptdata(TAX_LIST tax_list[]);
  // 读入个人所得税税率表,并存储在结构体数组中
  void calculate(TAX_LIST tax_list[]);
  // 按照指定的月收入计算应缴纳的个人所得税

  void acceptdata(TAX_LIST tax_list[])
  {
    int i;
    for(i=0; i<SIZE; i++)
    {
      printf(" 请输入个人所得税税率表第 %d 行数据:", i+1);
      scanf("%ld", &tax_list[i].left);
      scanf("%ld", &tax_list[i].right);
      scanf("%ld", &tax_list[i].tax);
      scanf("%ld", &tax_list[i].deduct);
    }
  }

  void calculate(TAX_LIST tax_list[])
  { double salary, s, tax, tax_free;
    int i;
    printf(" 请输入当月收入:");
    scanf("%lf", &salary);
    printf(" 请输入当月税前扣除额:');
    scanf("%lf", &tax_free);
    if(salary>=0)
    {
      s=salary-5000-tax_free;
      if(s<=0)
        tax=0;
      else
       {for(i=0; i<SIZE-1; i++)
         { if(s<tax_list[i].right&&s>=tax_list[i].left)
             {tax=s*tax_list[i].tax/100.-tax_list[i].deduct;
                break;
```

```
            }
        }
        if(s>=tax_list[SIZE-1].left)
          tax=s*tax_list[SIZE-1].tax/100.-tax_list[SIZE-1].deduct;
      }
    }
    printf(" 应纳个人所得税额是 %.2lf\n",tax);
}
void main()
{
    TAX_LIST tax_list[SIZE];
    acceptdata(tax_list);
    calculate(tax_list);
}
```

拓展任务名称：输入三个学生的个人信息，包含学号、姓名和三门学科的成绩，输出平均成绩最高的学生的学号、姓名、各科成绩以及平均成绩。

运行结果：

```
请依次输入学生编号，姓名，三个科目成绩：
1 xiaoming 99 88 99
2 xiaoli 77 99 88
3 xiaoma 66 98 100
成绩最高的学生：
学号：1
 姓名：xiaoming
 三门成绩：  99.0，88.0，99.0
 平均成绩：  95.33
```

图 4.9 运行结果

程序分析

该程序定义了一个结构体数组和一个结构体指针，就像数组和指针的定义一样，需要说明数组和指针的类型，数组就是可以存放什么类型的数据，指针是可以指向什么类型的数据。

用结构体变量和结构体变量的指针做函数的参数：①定义结构体指针 p，并初始化以让它指向结构体数组 stu 的首地址。② input 函数形参为结构体数组，实参为结构体指针。③ max 函数形参为结构体数组，实参为结构体指针。④ print() 函数形参是结构体变量，实参是结构体变量（是结构体数组元素）。

编写代码，如示例代码 4-10 所示：

示例代码 4-10

```
#include<stdio.h>
struct Student
{int num;
char name[20];
float score[3];
float aver;
};

int main()
{
   void input(struct Student stu[]);
   struct Student max(struct Student stu[]);
   void print(struct Student stud);
   struct Student stu[3];
   struct Student *p=stu;
   input(p);
   print(max(p));
   getchar();
   getchar();
   return 0;
}

void input(struct Student stu[])
{
   int i;
   printf(" 请依次输入学生编号，姓名，三个科目成绩:\n");
   for (i=0; i<3; i++)
   {
      scanf("%d %s %f %f %f", &stu[i].num, &stu[i].name, &stu[i].score[0],
            &stu[i].score[1], &stu[i].score[2]);
      stu[i].aver = (stu[i].score[0]+stu[i].score[1]+stu[i].score[2])/3.0;
   }
}
struct Student max(struct Student stu[])
```

```
{
   int i, m=0;
   for (i = 0; i<3; i++)
   {
      if(stu[i].aver>stu[m].aver) m = i;
   }
   return stu[m];
}
void print(struct Student stud)
{
  printf(" 成绩最高的学生: \n");
  printf(" 学号: %d\n 姓名: %s\n 三门成绩: %5.1f, %5.1f, %5.1f\n 平均成绩: %6.2f\n",
stud.num, stud.name, stud.score[0], stud.score[1], stud.score[2], stud.aver);
   getchar();
}
```

任务三　计算个人所得税，长期存放税率表，并显示

C 语言中主要通过标准 I/O 函数来对文本文件进行处理。相关的操作包括打开、读写、关闭与设置缓冲区。相关的存取函数有：fopen()，fclose()，fgetc()，fputc()，fgets()，fputs()，fprintf()，fscanf() 等。

1　文件概述及基本操作

（1）文件的概念

在此之前，所设计程序的处理结果都是在程序运行结束之后就消失，若再需要同样的处理结果，必须重新运行程序并输入数据，如果有大量的输入数据的话，是相当麻烦的。难道不能将程序处理结果存储起来，需要的时候，打开查看就可以吗？答案是肯定的，计算机系统提供了叫做“文件”的数据结构来帮助我们解决这个问题。

计算机作为一种先进的数据处理工具，它所面对的数据信息量十分庞大。仅依赖于键盘输入和显示输出等方式是完全不够的，通常，解决的办法就是将这些数据记录在某些介质上，利用这些存储介质的特性，携带数据或长久地保存数据。这种记录在外部存储介质上的数据的集合称为“文件”。

（2）文件的分类

C 语言中数据文件保存在外部存储介质上有两种形式：ASCII 码文件和二进制文件。

· ASCII 码文件

ASCII 码文件也称为文本文件，由一个个字符首尾相接而成，其中每个字符占 1 字节，存放的是字符的 ASCII 码。例如：int 类型的整数 1234 在内存中占两个字节，当把它以字符代码的形式存储到文件中时，系统将它转换成 1、2、3、4 四个字符的 ASCII 码并把这些代码依次存入文件，在文件中占四个字节。文本文件的优点是可以直接阅读，而且 ASCII 代码标准统一，使文件易于移植。其缺点是输入与输出都要进行转换，效率低。

· 二进制文件

二进制文件用二进制数代表数据，其中的数据是按其在内存中的存储形式存放的。当数据以二进制形式输出到文件中时，数据不经过任何转换。例如：int 型数据 1234 在内存中占两个字节，当它以二进制形式存储到文件中时，也是占两个字节，而且不需要转换。二进制文件的优点是存取效率高。缺点是二进制文件只能供机器阅读，人工无法阅读，也不能打印，而且由于不同的计算机系统对数据的二进制表示也各有差异，因此可移植性差。

无论是文本文件还是二进制文件，C 语言都将其看作是一个数据流，即文件是由一连串连续的、无间隔的字符数据组成，处理数据时不考虑文件的性质、类型和格式，只是以字节为单位进行存取。

（3）文件的存取方式

对文件的输入输出方式也称“存取方式”。在 C 语言中，有两种对文件的存取方式：即顺序存取和随机存取。

顺序存取无论对文件进行读或写操作，总是从文件的开头开始，依先后次序存取文件中的数据。存取完第一字节，才能存取第二字节；存取完第 n-1 字节，才能存取第 n 字节。

随机存取也称直接存取，可以直接存取文件中指定的数据。可以直接存取指定的第 i 个字节（或字符），而不管第 i-1 字节是否已经存取。在 C 语言中，可以通过调用库函数去指定开始读写的字节号，然后直接对此位置上的数据进行读写操作。

（4）文件指针

在对文件进行存取的时候，系统将为输入和输出的文件在内存中开辟一片存储区，称为“缓冲区”。当对某文件进行输出时，系统首先把输出的数据填入到为该文件开辟的缓冲区内，每当缓冲区中被填满时，就把缓冲区中的内容一次性地输出到对应文件中。当从某文件输入数据时，首先将从输入文件中输入一批数据放入到该文件的缓冲区中，输入语句将从该缓冲区中依次读取数据，当该缓冲区中的数据被读完时，将再从输入文件中输入一批数据放入缓冲区。

对于缓冲区文件系统，一个关键的概念就是“文件指针”。文件指针就是一个描述文件状态、文件缓冲区大小、缓冲区填充程度等信息的一个结构体变量。文件指针结构体类型是由系统定义的，取名为 FILE，其详细的类型声明如下：

```
typedef   struct
{
```

```
        short level;                    /* 缓冲区填充程度 */
        unsigned flags;                 /* 文件状态标志   */
        char fd;                        /* 文件描述       */
        unsigned char hold;             /* 如无缓冲区不读取字符 */
        short bsize;                    /* 缓冲区大小      */
        unsigned char *buffer;          /* 缓冲区传输数据 */
        unsigned char *curp;            /* 指针当前位置 */
        unsigned istemp;                /* 临时文件标识 */
        short token;                    /* 有效性检查 */
    }
FILE;
```

有了文件指针类型就可以定义指向文件的变量和指针。

例如：

```
FILE *fp;
```

fp 就是一个指向 FILE 类型结构体的指针变量。可以使 fp 指向某个文件的结构体变量，从而通过该结构体变量中的文件信息访问文件。

（5）文件操作的基本步骤

C 语言文件操作主要有三个步骤：打开文件，读写文件，关闭文件。

1）打开文件

用标准库函数 fopen() 打开文件，它通知编译系统三个信息：①需要打开的文件名，②使用文件的方式（读还是写等），③使用的文件指针。

2）读写文件

用文件输入 / 输出函数对文件进行读写，这些输入输出函数与前面介绍的标准输入输出函数在功能上有相似之处，但使用上又不尽相同。

3）关闭文件

文件读写完毕，用标准函数 fclose() 将文件关闭。它的功能是把数据真正写入磁盘（否则数据可能还在缓冲区中），切断文件指针与文件名之间的联系，释放文件指针。如不关闭则多半会丢失数据。

C 语言规定了标准输入输出函数库，有关文件操作的基本函数都包含在这个库中。在 Turbo C、VC++、DEV C++ 等的编程环境中，这些函数就在 stdio.h 中

（6）文件的打开

打开文件时操作文件的第一步骤，如果不能正确打开一个指定文件，读写文件就无从谈起。C 语言中提供了 fopen() 函数，用于打开一个文件，其格式如下：

```
FILE *fp;
fp=fopen(" 文件名 "," 文件使用方式 ");
```

格式说明：

①"文件名"是指要打开（或创建）的文件名。如果使用字符数组（或字符指针），则不使用双引号。②"文件使用方式"是指文件的使用类型和操作要求。

文件的使用方式共有 12 种，表 4.5 给出了文本文件使用方式的符号和意义；表 4.6 给出了二进制文件使用方式的符号和意义。

表 4.5　文本文件使用方式的符号及意义

文件使用方式	含义
"r"	打开一个已有的文本文件，只允许读取数据
"w"	打开或建立一个文本文件，只允许写入数据
"a"	打开一个已有的文本文件，并在文件末尾写数据
"r+"	打开一个已有的文本文件，允许读和写
"a+"	打开一个已有的文本文件，允许读或在文件末追加数据
"w+"	打开或建立一个文本文件，允许读写

表 4.6　二进制文件使用方式的符号及意义

文件使用方式	代表的含义
"rb"	打开一个已存在的二进制文件，只允许读数据
"wb"	打开或建立一个二进制文件，只允许写数据
"ab"	打开一个二进制文件，并在文件末尾追加数据
"rb+"	打开一个二进制文件，允许读和写
"wb+"	打开或建立一个二进制文件，允许读和写
"ab+"	打开一个二进制文件，允许读或在文件末追加数据

③如果不能实现打开指定文件的操作，则 fopen() 函数返回一个空指针 NULL（其值在头文件 stdio.h 中被定义为 0）。

为增强程序的可靠性，常用下面的方法打开一个文件：

```
if((fp=fopen(" 文件名 "," 操作方式 "))= =NULL)
{
printf("can not open this file\n");
 exit(0);
}
```

即首先检查打开的操作是否有错，如果有错就在终端上输出上面的错误信息。exit 函数的作用事关闭所有文件，终止正在调用的过程。待用户检查出错误，修改后再运行。

④程序中凡是用 "r" 打开一个文件时，表明该文件必须已经存在，且只能从该文件读取数据。

⑤用 "w" 打开的文件只能向文件写入数据。若打开的文件不存在，则按照指定的文件名建立该文件，如打开的文件已经存在，则将该文件删除，重新建立一个新文件。

⑥如果要向一个已经存在的文件后面追加新的数据，则应该用 "a" 方式打开文件，但此时要保证该文件是已经存在的，否则将会出错。

（7）文件的关闭

当文件的读写完成之后，必须将它关闭，否则容易发生数据不必要的丢失。关闭文件可调用库函数 fclose() 来实现，其调用格式如下：

```
fclose( 文件指针 );
```

格式说明：

①若 fp 是指向文件 file1 的文件指针，当执行了 fclose(fp) 后，若对文件 file1 的操作方式为“读”方式，将文件 fp 与文件 file1 脱离联系，可以重新分配文件指针 fp 去指向其它文件；若对文件 file1 的操作方式为“写”方式，则系统首先把该文件缓冲区中的其余数据全部输出到文件中，然后使文件指针 fp 与文件 file1 脱离联系。由此可见，在完成了对文件的操作之后，应当关闭文件，否则文件缓冲区中的剩余数据就会丢失。②当成功地执行了关闭操作，函数返回 0，否则返回非 0。

说明：关于指针的概念在后面有详细介绍，本项目中不做详细讲解。

2　文件的读写操作

文件打开之后的主要操作就是从文件中读取数据进行处理，然后把处理后的结果存入到文件中，这就是文件的读写操作。本节将主要介绍这方面的内容。

（1）文件的字符读写操作

字符读写操作是文本文件的常用操作。C 语言提供了 fgetc() 函数和 fputc() 函数来实现对文件的字符读写功能。

1）fgetc() 读字符函数

fgetc() 函数用来从指定的文件读入一个字符，该文件必须是以读或写方式打开的。fgetc 函数具体的调用格式如下：

```
ch=fgetc(fp);
```

格式说明：

①其中 fp 为文件类型指针，ch 为字符变量。fgetc() 函数返回的字符赋给字符变量 ch。

②如果在执行 fgetc() 函数读字符时遇到文件结束符，则该函数返回一个结束标志 EOF（-1）。

③如果想从磁盘文件顺序读入字符并在屏幕上显示出来，可以用以下的程序段：

```
ch=fgetc(fp);
while(ch!=EOF)
{ putchar(ch); ch=fgetc(fp); }
```

在文件内部有一个位置指针。用来指向文件的当前读写字节。在文件打开时，该指针总是指向文件的第一个字节。使用 fgetc() 函数后，该位置指针将向后移动一个字节。因此可连续多次使用 fgetc() 函数，读取多个字符。应注意文件指针和文件内部的位置指针不是一回事。文件指针是指向整个文件的，须在程序中定义说明，只要不重新赋值，文件指针的值是不变的。文件内部的位置指针用以指示文件内部的当前读写位置，每读写一次，该指针均向后移动，它不需在程序中定义说明，而是由系统自动设置的。

2）fputc() 写字符函数

fputc 函数用来将一个字符写入指定的文件中，该函数的调用格式为：

```
fputc(ch，fp)；
```

格式说明：

①其中 ch 可以是一个字符常量，也可以是一个字符变量。fp 是文件指针变量。②该函数的作用是将字符 ch 的值输出到 fp 所指定的文件中去。③ fputc() 函数也返回一个值，如果输出成功则返回值就是输出的字符，如果输出失败，则返回 EOF（-1）。

例如：

先显示文件 d:\tc\test.txt 的内容，然后从键盘上输入任意一个字符追加到文件中，最后显示文件的所有内容到屏幕上。

问题分析：

实例要求两次显示文件的内容，因此可以编写一个函数实现文件数据的输出，针对数据追加，也可以编写一个函数实现这个功能，如示例代码 4-11 所示。

示例代码 4-11

```
#include<stdio.h>
#include<stdlib.h>
void append(char filename[])  /* 追加函数 */
{
  FILE *fp;
  char ch;
  if((fp=fopen(filename,"a"))==NULL)  /* 以追加的方式打开文件 */
  {   printf("\n Can not open file！ \n");
      exit(0);   }
  printf("\nPlease input a char:\n");
  ch=getchar();     /* 从键盘读字符 */
  fputc(ch,fp);       /* 向文件中写字符 */
  fclose(fp);
}
void display(char filename[])   /* 显示文件内容函数 */
{  FILE *fp;
  char ch;
```

```
    if((fp=fopen(filename,"r"))==NULL)   /* 读文件 */
    {   printf("\n Can not open file！ \n"(;
        exit(0);   }
    ch=fgetc(fp);  /* 从文件中逐个读取字符 */
    while(ch！ =EOF)
    {  putchar(ch);
       ch=fgetc(fp);   }
    fclose(fp);  }
void main()
{  char fname[]={"d:\\tc\\test.txt"};   /* 指定文件位置 */
   printf("\nold file is below:\n");
   display(fname);
   append(fname);
   printf("\new file is below:\n");
   display(fname);
}
```

程序说明：

①函数 append() 的功能是以追加方式打开一个已经存在的文件，并将从键盘输入的字符追加到文件中；②函数 display() 的功能以只读方式打开文件，按字符读取文件的内容全部并显示到屏幕上；③在描述文件位置的时候，一定要注意用“\\”，它是代表“\”的转义字符。如果写成：if((fp=fopen("d:\tc\example.txt","r")) ==NULL)，则是错的。

EOF 是文件结束标志，其值为 -1，不是可显示字符，适合判断文本文件的结束。对于二进制文件，应该用函数 feof() 来判断文件的结束，其一般格式如下：

```
feof(fp);
```

其中 fp 是指向文件的指针。如果文件结束，函数 feof(fp) 为 1；否则为 0。feof 函数既适用于文本文件也适用二进制文件。

如果想顺序读入一个二进制文件中的数据，可以用以下代码：

```
while(!(feof(fp))
{    n=fgetc(fp);
......}
```

当未遇到文件结束，feof(fp) 的值为 0，!feof(fp) 的值为 1，读入一个字节的数据赋给整型变量 n，并对其进行必要的处理。直到遇到文件结束，feof(fp) 的值为 1，!feof(fp) 的值为 0，循环结束。

（2）文件的块读写函数

用 fgetc() 函数和 fputc() 函数可以用来读写文件中的一个字符，如果要读写一组数据就必须编写一个循环语句段。使用 C 语言提供的 fread() 函数和 fwrite() 函数就可以实现读取数据块的功能，它的一般调用格式如下：

```
fread(void *buffer, int size, int count, FILE *fp);
fwrite(void *buffer, int size, int count, FILE *fp);
```

格式说明：

① buffer 是一个字符型指针，表示存放读写数据的变量地址或数组首地址。② size 是要读写的数据块的大小。③ count 表示要读取 size 字节数据块的个数。④ fp 是文件类型指针。

如果文件以二进制形式打开，用 fread() 函数和 fwrite() 函数就可以读写任意类型的信息。例如：

```
fread(a, 4, 8, fp);
```

该语句的含义是从 fp 所指的文件中，每次读 4 个字节，也就是把一个实数送入实数组 a 中，连续读 8 次，即读入 8 个实数并送到数组 a 中。

例如：

从键盘读取数据，向文件 "d: \tc\cylinder.txt" 中写入圆柱的底面半径和高，然后用 fread() 函数从文件中读取半径和高，计算体积并显示。

问题分析：

根据问题的描述，我们可以将底面半径和高视为浮点型数据，由 fread() 函数和 fwrite() 函数的格式，可以定义两个变量，用于表示底面半径和高，如示例代码 4-12 所示。

示例代码 4-12

```
#include <stdio.h>
#include <stdlib.h>
void input_data()      /* 接收键盘输入数据并存入文件中 */
{
    FILE *fp;
    float r, h;
    if((fp=fopen("d: \\tc\\cylinder.txt", "wb"))==NULL)
    {   printf("\n Can not open file！ \n");
        exit(0);    }
   printf("Please inpur radius and height: \n");
   scanf("%f, %f", &r, &h);
   fwrite(&r, sizeof(r), 1, fp);      /* 写入半径 */
   fwrite(&h, sizeof(h), 1, fp);      /* 写入高 */
   fclose(fp);
}
float volume()     /* 从文件中读取半径和高，并计算体积 */
{  FILE *fp;
```

```
    float r,h;
    fp=fopen("d:\\tc\\cylinder.txt ", "rb");
    fread(&r,sizeof(r),1,fp);        /* 读取半径 */
    fread(&h,sizeof(h),1,fp);        /* 读取高 */
    fclose(fp);
    return 3.14*r*r*h;  }
  void main()
  {  input_data();
    printf("The volume is:%6.1f\n",volume());
  }
```

程序说明：

① input_data() 以二进制写的方式打开文件，fwrite(&r，sizeof(r)，1，fp); 中的 &r 得到变量 r 的地址；运算 sizeof 获得一个变量占内存空间的大小，因此 sizeof(r) 得到变量 r 所占内存的大小（4 字节）；fp 是文件指针，fwrite(&r，sizeof(r)，1，fp); 向 fp 所指向的文件写入一个 4 字节的字符块，即变量 r 的值。② volume() 以二进制只读的方式打开文件，fread(&h，sizeof(h)，1，fp); 表示从 fp 所指向的文件中，读出 1 个 sizeof(h) 大小的数据，存入变量 h 中。

（3）文字的字符串读写函数

1）fgets() 函数

fgets() 函数的功能是从指定的文件中读一个字符串到字符数组中，一般调用格式为：

```
fgets(str,n,fp);
```

格式说明：

①参数 str 是字符数组名，用于接收从文件读取的字符串。② n 表示从文件接收的字符个数，但是只从 fp 指向的文件输入 n-1 个字符，然后再最后加一个 '\0' 字符。③如果在读 n-1 个字符之前遇到换行符或 EOF，读入工作即结束。

例如：

```
fgets(ch,50,fp);
```

表示从 fp 所指的文件中读出 49 个字符送入字符数组 ch 中。

2）fputs() 函数

fputs() 函数的功能是向指定的文件写入一个字符串，其调用格式为：

```
fputs(str,fp);
```

格式说明：字符串 str 可以是字符串常量，也可以是字符数组名，或指针变量。

例如：

```
fputs("Human",fp);
```

语句的含义是把字符串 "Human" 写入 fp 所指的文件之中。

例如，新建一个文本文件 a.txt，将字符串 "Welcome to you!!! " 写入文件中，再读出文件中前 7 个字符，显示在屏幕上。

问题分析：

根据问题要求，我们可以先以写的方式打开文件，写入数据；然后再用读方式打开，用 fgets() 函数获得前 7 个字符并显示，如示例代码 4-13 所示。

示例代码 4-13

```
#include <stdio.h>
#include <stdlib.h>
void main()
{   FILE *fp;
    float r,h;
    char a[10];
    if((fp=fopen("d:\\tc\\a.txt","w"))==NULL)   /* 写方式打开文件 */
    {   printf("\n Can not open file! \n");
        exit(0);    }
    fputs("Welcome to you!!! ",fp);         /* 向文件写入字符串 */
    fclose(fp);
    fp=fopen("d:\\tc\\a.txt","r");          /* 读方式打开文件 */
    fgets(a,8,fp);                          /* 读取前 7 个字符 */
    printf("%s\n",a);
    fclose(fp);
}
```

程序说明：

在定义数组 a 的时候，要注意它的元素个数一定要大于 7，因为要给 '\0' 留出空间。

（4）随机文件的读写

C 语言提供的随机读写函数可以从文件的任意位置读取数据。

文件中有一个位置指针，指向当前读写的位置。如果顺序读写一个文件，每次读写一个字符，则读写完一个字符后，该位置的指针自动移到下一个字符位置。如果想从文件的某个位置读取数据，必须使用随机读写函数强制将位置指针指向某个指定的位置。

1）文件头定位函数——rewind() 函数

C 提供的文件头定位函数 rewind() 可以将文件指针重新指定到文件头。该函数的调用格式为：

```
rewind( 文件指针 );
```

格式说明：

该函数的功能是把文件内部的位置指针移到文件开头，如果定位成功，返回 0；否则，返回非 0。

2）随机定位函数——fseek() 函数

所谓随机读写，是指读完上一个字符（字节）后，并不一定要读写其后续的字符（字节），而可以读写文件中任意所需的字符（字节）。要想实现随机读写，必须首先实现位置指针的随机定位，C 语言中的 fseek() 函数可以实现这个功能。fseek() 函数的格式如下：

```
fseek( 文件指针，位移量，起始点 );
```

格式说明：

①“文件指针”指向被移动的文件。“位移量”表示移动的字节数，要求位移量是 long 型数据，以便在文件长度大于 64KB 时不会出错。当用常量表示位移量时，要求加后缀“L”。②“起始点”表示从何处开始计算位移量，C 语言规定的起始点有三种：文件首、当前位置和文件尾，表示方法可以用表 4.7 来说明。

表 4.7 文件定位起始点符号表示

起始点	表示符号	数字表示
文件首	SEEK_SET	0
当前位置	SEEK_CUR	1
文件末尾	SEEK_END	2

例如：fseek（fp，200L，0）；该语句的功能是把位置指针移到离文件首 200 个字节处。根据表 4.7，这条语句也可写成：fseek（fp，200L，SEEK_SET）；。该语句用符号常量代替了数值 0，其效果是相同的。

3）ftell() 函数

由于文件中的位置指针经常移动，人们往往不容易知道它的当前位置，C 语言中的 ftell 函数可以得到当前位置，其格式如下：

```
ftell(fp);
```

格式说明：

①该函数的功能是得到文件中的当前位置。②该函数的返回值为长整型数，表示相对于文件头的字节数，出错时返回 -1L。

例如：

```
long i;
if((i=ftell(fp))= =-1L)
printf("A file error has occurred at %ld.\n", i);
```

上述程序段中的变量 i 存放的就是当前位置，如调用函数出错，可以通知用户出现了文件错误。

(5)出错检测

当对文件进行输入输出的时候,可能会发生错误,C 语言提供了一些函数来检测输入 / 输出函数调用中的错误。

1)ferror() 函数

该函数的调用格式:

```
ferror( 文件指针 );
```

格式说明:

该函数检查文件在用各种输入输出函数进行读写时是否出错。如 ferror 返回值为 0 表示未出错,否则表示有错。

2)clearerr() 函数

该函数的调用格式:

```
clearerr( 文件指针 );
```

格式说明:该函数用于清除出错标志和文件结束标志,使它们值为 0。

(6)其他文件读写函数

fprintf() 函数和 fscanf() 函数。与 printf() 和 scanf(),都是格式化读写函数。不同的是:fprintf() 和 fscanf() 的读写对象不是终端而是磁盘文件。它们的调用格式为:

```
fprintf( 文件指针,格式字符串,输出列表 );
fscanf( 文件指针,格式字符串,输入列表 );
```

格式说明:

①格式字符串的内容与 printf() 函数和 scanf() 函数相同。②输出和输入列表是要输出和输入的变量或表达式序列。③这两个函数的功能就是按照格式字符串规定的格式,将输出 \ 输入列表中的内容输出 \ 输入到文件指针所指向的文件中去。

例如:

fprintf("fp, %d, %6.1f", n, r);语句的功能就是将变量 n、r 的值按照 "%d, %6.1f" 的格式输出到 fp 所指向的文件上。

同样,用以下语句可以从 fp 所指向的磁盘文件上读取 ASCII 码字符:

fscanf(fp, "%d, % f", n, r);

如果磁盘文件上有这些字符:10,5.5,则将磁盘文件上的数据 10 送变量 n,将数据 5.5 送变量 r。

本任务:根据国家发布的个人所得税税率表,计算出某人某月应缴纳的个人所得税。将税率表长期存放在文件 TAX.dat 中,然后再计算个人所得税并输出,同时显示税率表。

运行结果：

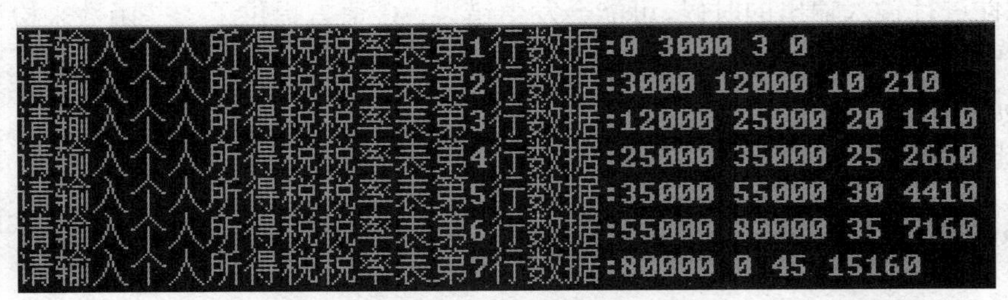

图 4.10　运行结果

```
请输入当月收入: 28000
请输入当月税前扣除额: 6000
应纳个人所得税额是1990.00
```

图 4.11　运行结果

步骤一：程序分析

（1）国家发布的个人所得税税率表是相对稳定的，也就是不经常变化的，若每次计算个人所得税都必须重新输入个人所得税税率表是不科学的，不现实的。因此，考虑编写 2 个独立的程序，一个 create_table.cpp 专门用来读取个人所得税税率表，并将之存放在 tax.dat 文件中，长期保存；另一个 calculate_tax.cpp 用来计算某人某月应缴纳的税费。

（2）程序 create_table.cpp 设计，主要的创建数据文件 tax.dat，并为之添加相应数据。

（3）程序 calculate_tax.cpp 设计，主要是打开数据文件 tax.dat，从中读取个人所得税分段信息，并根据输入的月收入计算出应缴纳的个人所得税金额。

步骤二：编写代码 create_table.cpp，如示例代码 4-14 所示：

示例代码 4-14

```
#include <stdio.h>
#include "process.h"
#define SIZE 7   // 当前执行的个人所得税税率表行数
typedef struct tax_st
{ long left;      // 当月应纳税所得额下限
  long right;     // 当月应纳税所得额上限
  int tax;        // 相应税率
  long deduct;    // 相应速算扣除数
} TAX_LIST;
void acceptdata(TAX_LIST tax_list[]); // 读入个人所得税税率表，并存储在结构体数组中

void acceptdata(TAX_LIST tax_list[])
{
  int i;
```

```
    for(i=0; i<SIZE; i++)
    {
      printf(" 请输入个人所得税税率表第 %d 行数据：", i+1);
      scanf("%ld", &tax_list[i].left);
      scanf("%ld", &tax_list[i].right);
      scanf("%ld", &tax_list[i].tax);
      scanf("%ld", &tax_list[i].deduct);
    }
}

void main()
{
  FILE *fp;
  TAX_LIST tax_list[SIZE];
  if((fp=fopen("d:\\TAX.dat", "wb"))==NULL)
  { printf("\ncannot open file\n");
    exit(1);
  }
  acceptdata(tax_list);
  if(fwrite(tax_list, sizeof(TAX_LIST), SIZE, fp)!=SIZE)
      printf("file write error\n");

  fclose(fp);
}
```

步骤三：编写代码 calculate_tax.cpp，如示例代码 4-15 所示：

示例代码 4-15

```
#include <stdio.h>
#include "process.h"
#define SIZE 7
typedef struct tax_st
{  long left;
   long right;
   int tax;
   long deduct;
}TAX_LIST;
```

```
void calculate(TAX_LIST tax_list[])
{ double salary, s, tax, tax_free;
  int i;
  printf(" 请输入当月收入:");
  scanf("%lf", &salary);
  printf(" 请输入当月税前扣除额:");
  scanf("%lf", &tax_free);
  if(salary>=0)
  {
     s=salary-5000-tax_free;
      if(s<=0)
        tax=0;
      else
      {for(i=0; i<SIZE-1; i++)
        { if(s<tax_list[i].right&&s>=tax_list[i].left)
            {tax=s*tax_list[i].tax/100.-tax_list[i].deduct;
           break;
           }
        }
      if(s>=tax_list[SIZE-1].left)
          tax=s*tax_list[SIZE-1].tax/100.-tax_list[SIZE-1].deduct;
      }
  }
  printf(" 应纳个人所得税额是 %.2lf\n", tax);
}
void main()
{ FILE *fp;
  TAX_LIST tax_list[SIZE];
  if((fp=fopen("d:\\TAX.dat", "rb"))==NULL)
  { printf("\ncannot open file\n");
    exit(1);
  }
  if(fread(tax_list, sizeof(TAX_LIST), SIZE, fp)!=SIZE)
  { printf("file write error\n");
    exit(1);
  }
```

```
    calculate(tax_list);

    fclose(fp);
}
```

拓展任务名称：读出文件放到数组中，新增数据插入到该数组中。

运行结果

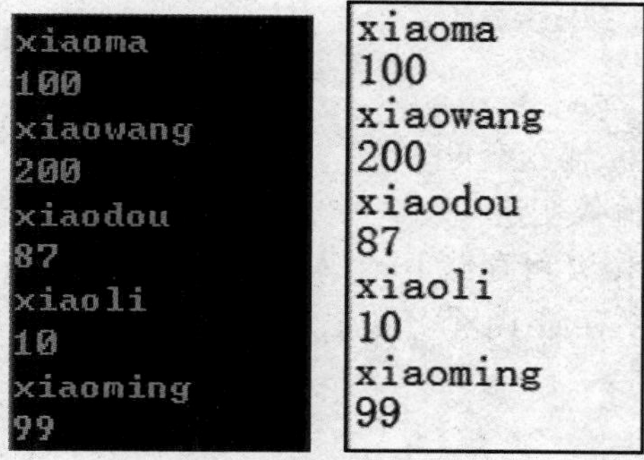

图 4.12　运行结果

```
Input the new name:
aaaaa
Input the new score:
666
```

```
aaaaa
666
xiaoma
100
xiaowang
200
xiaodou
87
xiaoli
10
xiaoming
99
```

图 4.13　运行结果

程序分析

这是一个对文件内容读写的程序，建立文件并添加名称和对应的分数，通过程序操作文件，先使用 fopen() 打开存储文件，并读取内容，进行输出，如图 4-12 所示。然后分别输入名称和分数，将数据写入到文件中。如图 4-13 所示。

编写代码，代码如示例代码 4-16 所示：

示例代码 4-16

```
#include <stdio.h>
#include <stdlib.h>
#include <string.h>
#include <conio.h>
#include <windows.h>
/* 读出文件放到数组中，新增数据插入到该数组中；
  重新将数组中的数据写入该文件中
*/
void main(int argc, char *agrv)
{
   FILE *fp;
   char name[20];       // 输入变量
   int sum;             // 输入变量
   char fName[10][20]; // 可存储 10 个人名
   int fScore[10];      // 存储 10 个分数记录
   char buff1[20];
   char buff2[20];
   int i=0;
   // 打开存储文件
   if ((fp=fopen("d:\\scorelist.txt","r"))==NULL)
   {
      printf("Can not open the file");
      getch();
      exit(0);
   }
   else
   {
      while (!feof(fp))
      {
         ZeroMemory(buff1,sizeof(buff1));      // 清空内存
         ZeroMemory(buff2,sizeof(buff1));
         fgets(buff1,sizeof(buff1),fp);        // 读取名称
         fgets(buff2,sizeof(buff2),fp);        // 读取第二行分数
         if (strcmp(buff1,"")==0)
```

```
            {
                continue;
            }
            else
            {
                strcpy(fName[i],buff1);
                printf("%s",fName[i]);              // 输出名称
                fScore[i] = atoi(buff2);            // 将字符型转换成 int 型
                printf("%i\n",fScore[i]);           // 打印输出分数值
            }
            i++;
        }
    }
    fclose(fp);
    // 打开存储文件,将排好序的数据重新写入文件中
    if ((fp=fopen("d:\\scorelist.txt","w"))==NULL)
    {
        printf("Can not open the file");
        getch();
        exit(0);
    }
    else
    {
        printf("Input the new name:\n");
        scanf("%s",name);
        printf("Input the new score:\n");
        scanf("%i",&sum);
        int j =0;
        // 获取新增积分排序位置
        while(sum < fScore[j])
        {
            j++;
        }
        // 移动数据重新对数组排序,从后往前排序
        int m = i;
        while (i>j)
        {
```

```
            strcpy(fName[i],fName[i-1]);
            fScore[i] = fScore[i-1];
            i--;
        }
        strcpy(fName[j],name);
        strcat(fName[j],"\n");
        fScore[j] = sum;
        // 写入文本文件
        int k=0;
        while(k<=m)
        {
            fputs(fName[k],fp);
            fprintf(fp,"%i\n",fScore[k]);
            k++;
        }
    }
    fclose(fp);
}
```

本项目通过3个任务，介绍C语言程序中的基础语法。通过结合项目的学习，了解C语言中浮点常量和变量的运用，学会printf()函数的调用格式，掌握结构体排序的使用方式，掌握文件的概述和操作方式，为后续的学习稳固基础。根据如下表格检查是否掌握本项目内容。

内容	是否掌握
实型常量、变量	□掌握 □未掌握
结构体类型定义	□掌握 □未掌握
if-else-if 结构体	□掌握 □未掌握
结构体变量声明	□掌握 □未掌握
结构体数组的应用	□掌握 □未掌握
文件的概念和操作	□掌握 □未掌握

member	成员	file	文件
open	打开	close	关闭
read	读	write	写
error	错误	string	字符串
argument	参数	tag	标记

一、选择题

1. 当说明一个结构体变量时系统分配给它的内存是＿＿＿＿＿。
   A. 各成员所需内存量的总和　　B. 结构中第一个成员所需内存量
   C. 成员中占内存量最大者所需的容量　　D. 结构中最后一个成员所需内存量
2. C 语言结构体类型变量在程序执行期间＿＿＿＿＿。
   A. 所有成员一直驻留在内存中　　B. 只有一个成员驻留在内存中
   C. 部分成员驻留在内存中　　D. 没有成员驻留在内存中
3. 以下程序的运行结果是＿＿＿＿＿。

```
#include <stdio.h>
main()
{  struct data{
        int year, month, day;
     }today;
 printf("%d\n", sizeof(struct data)); }
```

   A. 6　　B. 8　　C. 10　　D. 12
4. 以下可作为函数 fopen 中第一个参数的正确格式是＿＿＿＿＿。
   A. c:user\text.txt　　B. c:\user\text.txt
   C. "\user\text.txt"　　D. "c\\user\\text.txt"
5. 已知函数的调用格式：fread(buffer, size, count, fp)；其中 buffer 代表的是＿＿＿＿。
   A. 一个整形变量，代表要读入的数据项总数
   B. 一个文件指针，指向要读的文件
   C. 一个指针，指向要读入数据的存放地址
   D. 一个存储区，存放要读的数据项

二、填空题

1. C 语言提供的主要数据类型有：＿＿＿、＿＿＿、＿＿＿、＿＿＿。

2. C 语言提供的类型转换方法有两种，一种是________，一种是_________。

3. 一个变量在声明的时候可以给它赋初值，即________。

4. ________为结构体类型的关键字，不能省略，它与结构体名合在一起构成结构体类型的完整名称。

5. C 语言中数据文件保存在外部存储介质上有两种形式：________和_________。

三、上机题

根据国家发布的个人所得税税率表，计算出某人某月应缴纳的个人所得税。将税率表存放在结构体数组中，然后再计算个人所得税并输出，同时显示税率表，并且可以确定是否继续计算他人。运行结果如下图所示。

```
请输入当月收入：10000
请输入当月税前扣除额：1800
              个人所得税税率表
|--|----------|----------|----|----------|
| 1|         0|      3000|   3|         0|
|--|----------|----------|----|----------|
| 2|      3000|     12000|  10|       210|
|--|----------|----------|----|----------|
| 3|     12000|     25000|  20|      1410|
|--|----------|----------|----|----------|
| 4|     25000|     35000|  25|      2660|
|--|----------|----------|----|----------|
| 5|     35000|     55000|  30|      4410|
|--|----------|----------|----|----------|
| 6|     55000|     80000|  35|      7160|
|--|----------|----------|----|----------|
| 7|     80000|         0|  45|     15160|
|--|----------|----------|----|----------|
应纳个人所得税额是110.00
是否需要继续计算下一位(Y/N)?y
请输入当月收入：30000
请输入当月税前扣除额：6600
              个人所得税税率表
|--|----------|----------|----|----------|
| 1|         0|      3000|   3|         0|
|--|----------|----------|----|----------|
| 2|      3000|     12000|  10|       210|
|--|----------|----------|----|----------|
| 3|     12000|     25000|  20|      1410|
|--|----------|----------|----|----------|
| 4|     25000|     35000|  25|      2660|
|--|----------|----------|----|----------|
| 5|     35000|     55000|  30|      4410|
|--|----------|----------|----|----------|
| 6|     55000|     80000|  35|      7160|
|--|----------|----------|----|----------|
| 7|     80000|         0|  45|     15160|
|--|----------|----------|----|----------|
应纳个人所得税额是2270.00
是否需要继续计算下一位(Y/N)?n
```

图 4.14　运行结果

参考代码，如示例代码 4-17 所示：

示例代码 4-17

```
#include <stdio.h>
#include "process.h"
#define SIZE 7
typedef struct tax_st
{  long left;
   long right;
   int tax;
   long deduct;
}TAX_LIST;
void calculate(TAX_LIST tax_list[]); // 按照指定的月收入计算应缴纳的个人所得税
void display(TAX_LIST tax_list[]); // 输出个人所得税税率表
void printfLine();  // 输出表格线
void calculate(TAX_LIST tax_list[])
{  double salary,s,tax,tax_free;
  int i;
  printf(" 请输入当月收入:");
  scanf("%lf",&salary);
  printf(" 请输入当月税前扣除额:");
  scanf("%lf",&tax_free);
  display(tax_list);
  if(salary>=0)
  {
     s=salary-5000-tax_free;
      if(s<=0)
        tax=0;
      else
      {for(i=0;i<SIZE-1;i++)
         { if(s<tax_list[i].right&&s>=tax_list[i].left)
               {tax=s*tax_list[i].tax/100.-tax_list[i].deduct;
            break;
               }
      }
      if(s>=tax_list[SIZE-1].left)
         tax=s*tax_list[SIZE-1].tax/100.-tax_list[SIZE-1].deduct;
      }
  }
```

```
    printf(" 应纳个人所得税额是 %.2lf\n",tax);
}
void display(TAX_LIST tax_list[])
{
    int i;
    printf("%30s\n"," 个人所得税税率表 ");
    printfLine();
    for(i=0;i<SIZE;i++)
    {
        printf("|%2d",i+1);
        printf("|%10ld",tax_list[i].left);
        printf("|%10ld",tax_list[i].right);
        printf("|%4d",tax_list[i].tax);
        printf("|%10ld|\n",tax_list[i].deduct);
        printfLine();
    }
}
void printfLine()
{ int i;
    printf("|");
    for(i=1;i<=2;i++) printf("-");
    printf("|");
    for(i=1;i<=10;i++) printf("-");
    printf("|");
    for(i=1;i<=10;i++) printf("-");
    printf("|");
    for(i=1;i<=4;i++) printf("-");
    printf("|");
    for(i=1;i<=10;i++) printf("-");
    printf("|\n");
}
void main()
{ FILE *fp;
    TAX_LIST tax_list[SIZE];
    char ch='y';
    if((fp=fopen("d:\\TAX.dat","rb"))==NULL)
    { printf("\ncannot open file\n");
        exit(1);
```

```
    }
    if(fread(tax_list,sizeof(TAX_LIST),SIZE,fp)!=SIZE)
    {  printf("file write error\n");
      exit(1);
    }
    fclose(fp);

    while(ch=='Y' || ch=='y')
    {
      calculate(tax_list);
      printf(" 是否需要继续计算下一位 (Y/N)? ");
        getchar();
        scanf("%c",&ch);
        getchar();
        }
}
```

项目五　学生成绩统计

通过编写学生成绩统计程序（总分、平均分、及格率、分数段人数统计、标准差等），介绍C语言指针的计算原理和实现方式，以及常用的数据统计、计算和排序算法。在任务实现过程中：

- 了解逗号运算的原理和应用。
- 掌握指针的原理机制、定义和实现技巧。
- 掌握下标法表示数组元素与指针法表示数组元素的区别和实现技巧。
- 掌握枚举型数据的原理机制、定义和实现技巧。
- 具有基本的程序测试与调试的能力。

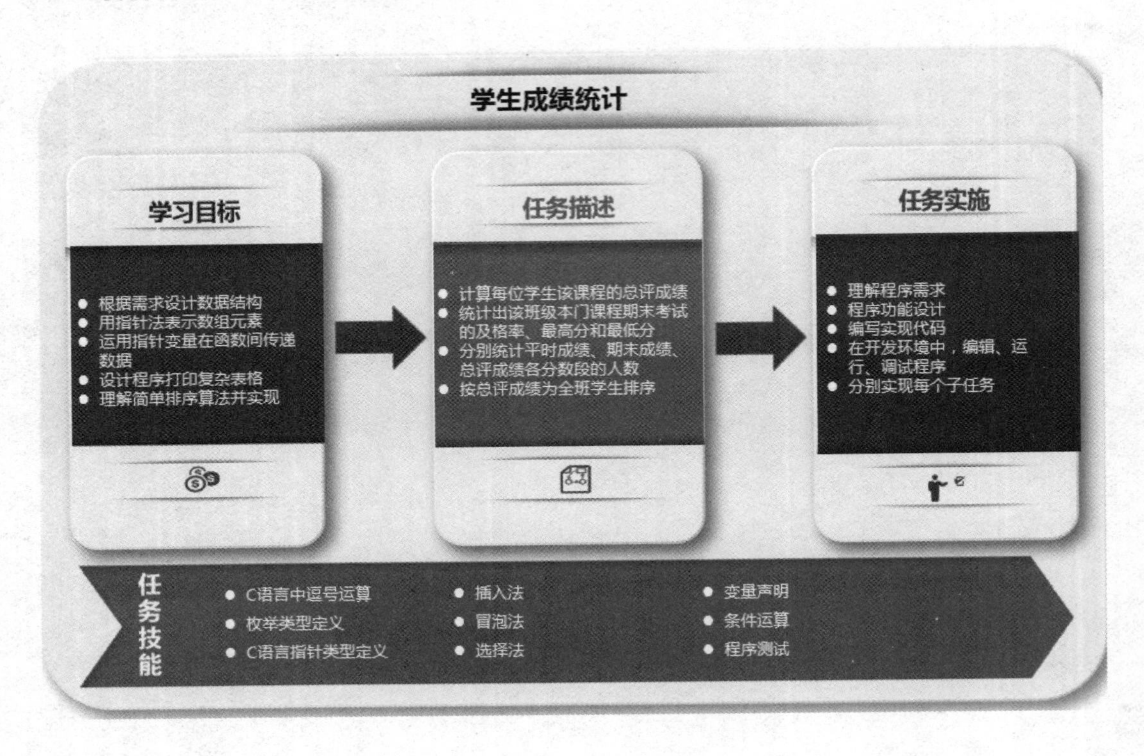

学习本项目内容前，需要了解计算机硬件组成，理解数组空间分配模式，熟悉数组操作，熟悉循环访问数组。

任务一　计算学生课程总评成绩

本技能点使用基础的逗号运算符和指针、数组数据类型设计总评成绩的统计运算和汇总分析程序。本任务实施中，逗号运算符实现 for 循环语句的变量初始化，指针和数组数据类型实现学生成绩的存储和访问，实现总评成绩的统计运算。

1　逗号运算

逗号运算是 C 语言提供的一种特殊运算符，用“,”将表达式连接起来的式子称为逗号表达式。逗号表达式的一般格式如下：

```
表达式 1, 表达式 2,……, 表达式 n;
```

格式说明：

①逗号运算是左结合性运算符，因此将从左到右进行运算，先计算表达式 1，最后计算表达式 n，最后一个表达式的值就是此逗号表达式的值。如逗号表达式（i=3,i++,++i,i+5）的值是 10，变量 i 的值为 5；

②在所有运算符中，逗号运算符的优先级别最低。

使用逗号运算实现简单运算，示例代码如下所示：

```
main()
{
int a=2,b=4,c=6,y,z;
y=a+b,b+c;  z=(a+b,b+c);
printf("y=%d,z=%d",y,z);
}
```

运行结果：

```
y=6,z=10
Press any key to continue
```

图 5.1 运行结果

程序说明：

①由于逗号运算符的优先级最低，而且具有左结合性，因此“y=a+b,b+c;”的表达式的值是第二个表达式的值 10，而 y 值是 6。

②“z=(a+b,b+c);”语句将逗号表达式包含在括号内，因此 z 的值就是逗号表达式的值 10。

2 指针

（1）指针的概念

指针是一种专门用于存放数据内存地址的数据类型。计算机内存是由连续的存储单元（通常称为字节）组成，不同的数据类型所占用的存储单元数不同，例如整型数据占 2 个单元，字符型数据占 1 个单元等。每个存储单元有一个唯一的编号，这就是内存“地址”，指针可以根据一个存储单元的地址而准确地找到该内存单元。

C 程序中声明变量时，编译程序便会在内存中分配出合适的存储单元，以保存变量的值。访问变量数值有“直接访问”和“间接访问”两种方式，“直接访问”方式中存储单元中存放的是数据数值，通过变量直接存取；“间接访问”方式中存储单元中存放的是数据地址，通过访问存储单元中的数据地址存取数据数值。

（2）“直接访问”方式

“直接访问”是一种按变量地址存取变量值的访问方式。编译程序将存储单元地址与变量名联系起来，程序引用某个变量名时，也就访问相应的存储单元。如图 5.2 所示，使用“直接访问”方式访问数据。

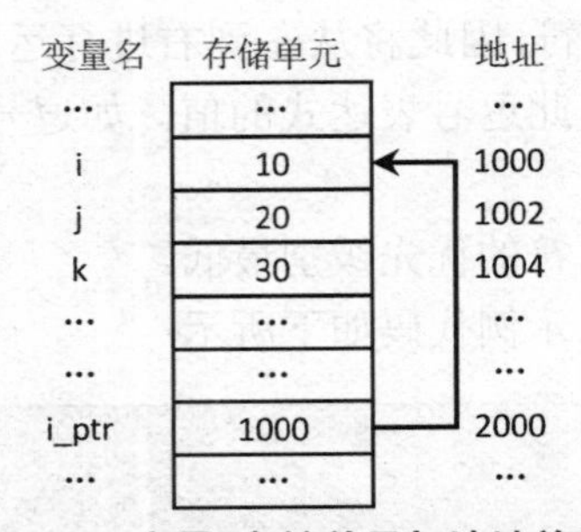

图 5.2 变量、存储单元与地址关系

使用“直接访问”方式访问数据，示例代码如下所示：

```
int i;
i=10;
```

程序说明：

①第一条语句，为整型变量 i 分配 2 个字节存储单元，假设编译程序为 i 分配的地址为

1000 和 1001。那么，对变量的操作就是针对存储单元的。

②第二条语句，引用变量名 i，也就是引用变量所在的存储单元地址，将数值 10 写入地址为 1000 的存储单元（通常，变量的地址是指该变量所占第一个存储单元）。

（3）"间接访问"方式

"间接访问"是一种按存储单元中存放的数据地址间接读写数据的访问方式。如图 5.2 所示，访问变量 i 的数值时可通过变量 i_ptr 进行间接访问，编译程序为变量 i_ptr 分配了地址为 2000 开始的存储单元，存储内容为 1000，也就是变量 i 占用存储单元的起始地址，通过这个地址就可以访问变量 i 的内容数值 10。

指针是一种专门用于存放数据的内存地址数据类型。按照这一类型可以定义相应的变量，这个变量就是指针变量，变量中存放的数据就是地址。在"间接访问"方式中，i_ptr 实际上存放的是 i 的地址，这样就在 i_ptr 和 i 之间建立起一种联系，通过 i_ptr 的值来访问 i 的值，可以说 i_ptr 指向变量 i。图 5.3 清楚地说明了指针与指针变量的关系。

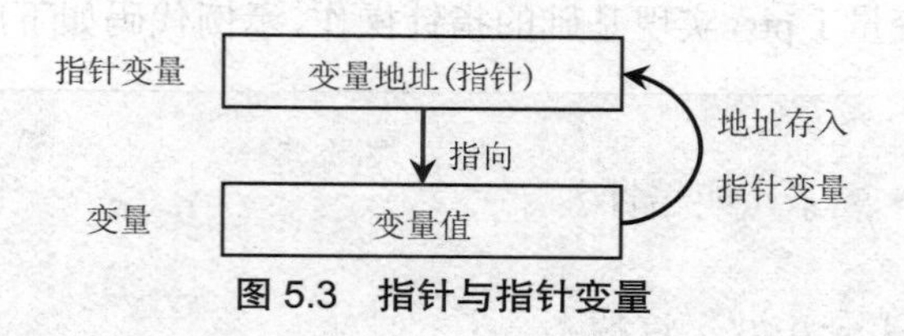

图 5.3　指针与指针变量

指针和指针变量是两个不同的概念，指针是不可改变的，如变量 i 的指针是 1000，而指针变量则是可以变的，如指针变量 i_ptr 可以指向 i，也可以改变它的值，使它指向 j。

（4）指针变量的使用

指针变量和普通变量的使用方法相同，都需要先声明和初始化再引用，才能正确对数据进行访问，未经初始化的指针变量不能使用，否则程序会产生错误的结果。

指针变量使用之前必须把它声明为指针。声明格式如下：

```
数据类型 * 变量名；
```

格式说明：

①数据类型表示该指针变量所指向变量数据类型。若定义成 int 类型数据的指针变量，引用时只能用来指向 int 类型的其他变量或数组。

②"*"运算符是指针运算符，在此处的作用是将一个变量声明为指针变量。

指针变量的声明初始化通常有两种方式：第一种是先声明，后进行初始化；另一种是在声明的同时即初始化。创建 int 变量 i 和指针变量 i_ptr，使指针变量 i_ptr 指向变量 i，示例代码如下所示：

```
// 方式一：先声明，后进行初始化
int i=10,*i_ptr;
i_ptr=&i;
// 方式二：声明的同时初始化
int i=10,*i_ptr=&i;
```

程序说明：

①必须在声明时规定指针变量所指向变量的类型，因为一个指针变量只能指向同一个类型的变量，在本示例代码中指针变量 i_ptr 只能指向 int 类型变量。

②声明指针变量时，指针变量名为 i_ptr，而不是 *i_ptr，*i_ptr 只说明 i_ptr 是一个指针变量。

（5）指针变量的引用

引用指针变量需要使用“& 运算符”和“* 运算符”。“& 运算符”是取地址运算符，可以实现取出变量的地址，在 scanf() 函数中，已经了解并使用过“& 运算符”；“* 运算符”是指针运算符，表示指针变量所指向的变量，需要注意指针运算符 * 和指针变量声明中的指针说明符 * 不同，表达式中运算符 * 表示指针变量所指的变量，指针变量声明中“*”是类型说明符，表示变量是指针类型。

引用指针变量之前必须先声明和初始化，相同数据类型的指针变量只可以指向同类型的变量。创建 int 型指针变量 i_ptr，实现基础的指针操作，示例代码如下所示：

```
// 正确示例
int i,j,k,*i_ptr;  /* 表示声明指针 /
i_ptr=&i;
* i_ptr=100;  /* 表示指针运算符 /
i=j*b;  /* 表示乘法运算符 /
// 错误示例
int i,*i_ptr;
*i_ptr=10; /* 错误，这种错误称为悬挂指针 (suspended pointer) 问题。*/
```

程序说明：

①区分 * 运算符在不同场合的作用，编译器能够根据上下文环境判别 * 的作用。

②在声明指针变量时，若未规定它指向哪一个变量，此时不能用 * 运算符访问指针。只有在程序中用赋值语句具体规定后，才能用 * 运算符访问所指向的变量。

使用指针变量实现两个数字按照先大后小的顺序依次输出，如示例代码 5-1 所示：

示例代码 5-1

```
#include <stdio.h>
void main()
{
 int a,b,*a_ptr,*b_ptr,*p_ptr;      /* 声明指针变量 */
 printf("Please input two integer:");
 scanf("%d%d",&a,&b);        /* 输入两个整数 */
 a_ptr=&a;                 /* 指针变量初始化，a_pt 指向 a，b_ptr 指向 b*/
 b_ptr=&b;
 if(a<b)
```

```
    {
      p_ptr=a_ptr;
      a_ptr=b_ptr;   /*a_pt 指向 b */
      b_ptr=p_ptr;   /*b_ptr 指向 a */
     }
    printf("a=%d,b=%d\n",a,b);     /* 输出变量 a，b 值 */
    printf("After the sort: %d , %d\n",*a_ptr,*b_ptr);
                        /* 输出指针变量所指向变量的值 */
}
```

运行结果：

```
Please input two integer:8 9
a=8,b=9
After the sort: 9 , 8
Press any key to continue
```

图 5.4　运行结果

程序说明：

① 本示例代码使用交换指针 a_ptr、b_ptr 的值的方式实现按数值大小排序，输出指针变量 *a_ptr 和 *b_ptr 时，实际上是输出变量 b 和 a 的值，指针变量交换机制如图 5.5 所示。

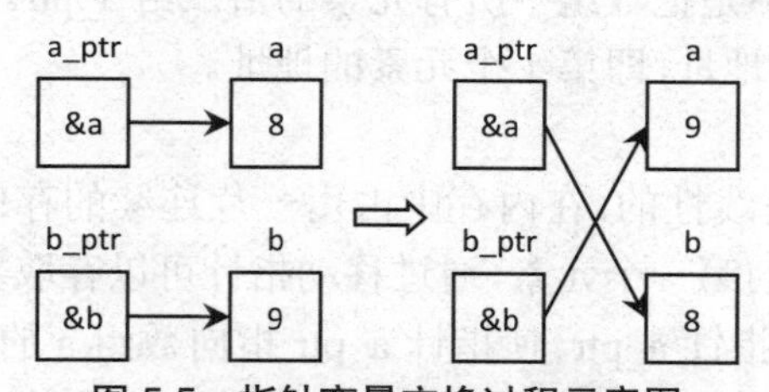

图 5.5　指针变量交换过程示意图

3　指针与数组

指针是 C 语言中的重要概念，也是 C 语言的重要特色，使用指针，可以使程序更加简洁、紧凑、高效，而对于数组则更为有用。项目三介绍过数组可以用来表示复杂的、有规律的数据结构，并且数组中的元素在内存中都是按顺序存储的，可以借助数组名和每个元素的下标就可以访问该数组元素。实际上，前面使用数组下标时，是在不知道指针情况下使用了指针。

C 语言中数组和指针关系密切，几乎可以互换使用，使用指针来进行数组相关的操作显得特别方便。指针变量可以像指向简单变量一样指向数组或数组元素。数组元素的指针是数组元素在内存中的地址；数组的指针是数组在内存中的起始地址，即数组中第一个元素的地址。数组中的每个元素都可通过下标确定，称为下标方式。凡可通过下标方式完成的操作，均可以通过指针方式实现，称为指针方式。

(1)指针与数组的关系

假设已经声明整型数组 a[10],数组名 a 表示该数组在内存的起始地址,也就是即第一个元素 a[0] 的地址 &a[0]。则声明一个指向数组元素的指针变量如图 5.6 所示,方法为:

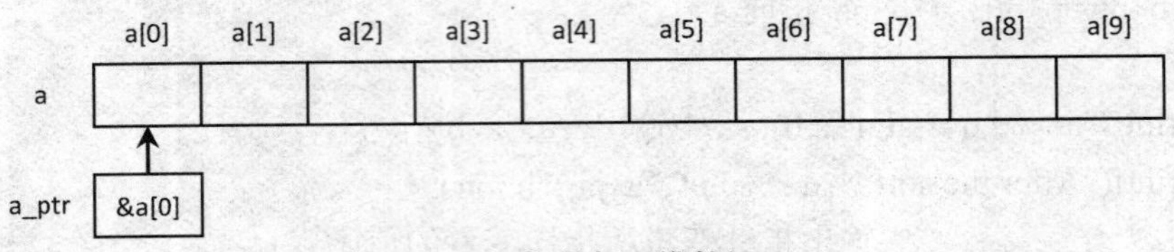

图 5.6 指针与一维数组

使用编程实现,示例代码如下所示:

```
// 方式一
int a[10],*a_ptr;    /* 声明 a_ptr 指向数组 a 中第一个元素 */
aptr=a;
// 方式二
int a[10],*a_ptr=a;
```

程序说明:

①因为数组 a 为 int 型,所以指针变量也为指向 int 型的指针变量。

②数组 a 不代表整个数组,所以 a_ptr=a 的作用是把数组的首地址赋给指针变量,使 a_ptr 指向数组中第 1 个元素,而不是把数组中所有元素的值赋给 a_ptr。

③数组名代表数组的首地址,即第 1 个元素的地址。

(2)指针访问数组

一维数组的存储结构是线性的,在内存中占用一片连续的存储单元。若声明了指向数组的指针,将该指针指向数组的第一个元素,通过移动指针可以存取数组的每一个元素。

例如定义数组 a[10] 和指针 a_ptr,使指针 a_ptr 指向数组 a 的首地址,若使 a_ptr +1,则指针会指向同一数组中的下一个元素,而不是指针变量 a_ptr 数值加 1,实质上是 a_ptr+1*size(size 为一个数组元素占用的字节数),以使 a_ptr 指向下一个元素。若使指针变量 a_ptr +i,a_ptr+i 和 a+i 都是数组元素 a[i] 的地址,而 *(a_ptr +i) 和 *(a+i) 是指数组元素 a[i] 的值,指向数组的指针原理如图 5.7 所示。

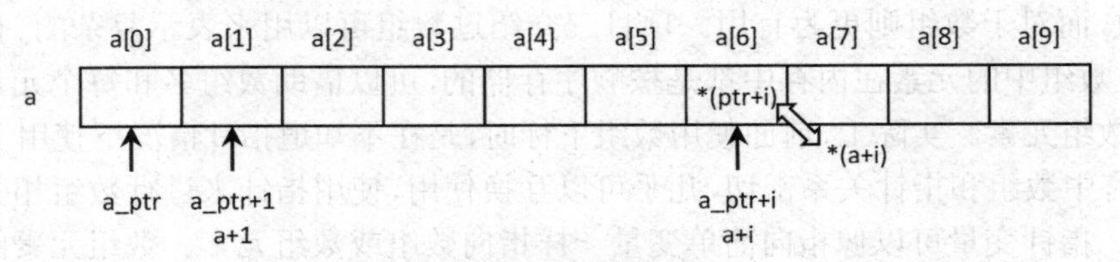

图 5.7 指向数组的指针

若数组 a 是 int 型,a_ptr+1 表示 a_ptr 的地址加 2;若数组元素是 float 型,a_ptr+1 表示 a_ptr 的地址加 4;如果数组元素是 char 型,a_ptr+1 表示 a_ptr 的地址加 1。

学习了指针后,对数组元素的引用有 4 种方式:数组下标法、数组偏移量法、指针下标法和指针偏移量法。例如，a[i]（数组下标法）、*(a+i)（数组偏移量法）、a_ptr [i]（指针下标法）和*(a_ptr +i)（指针偏移量法）都是对数组元素 a[i] 的引用。

使用数组下标法、数组偏移量法、指针下标法和指针偏移量法这 4 种方式求某个学生的总成绩和平均成绩问题，如示例代码 5-2 所示：

示例代码 5-2

```
// 数组下标法
#include <stdio.h>
void main()
{
    int i,sum=0,a[5];
    float average;
    printf("input 5 grades:\n");
    for(i=0;i<5;i++)
    {
      printf("Subject %d:",i+1);
      scanf("%d",&a[i]);
      sum=sum+a[i];  /* 使用数组名遍历数组 */
    }
    average=(float)sum/5;
    printf("Sum=%d,Average=%0.2f\n",sum,average);
}
// 数组偏移法
#include <stdio.h>
void main()
{
    int i,sum=0,a[5];
    float average;
    printf("input 5 grades:\n");
    for(i=0;i<5;i++)
    {
      printf("Subject%d:",i+1);
      scanf("%d",&a[i]);
      sum=sum+*(a+i);  /* 使用数组名遍历数组 */
    }
    average=(float)sum/5;
    printf("Sum=%d,Average=%0.2f\n",sum,average);
}
```

```
// 指针下标法
#include <stdio.h>
void main()
{
    int i,sum=0,a[5];
    int *a_ptr=a;        /* 声明并初始化指针变量 */
    float average;
    printf("input 5 grades:\n");
    for(i=0;i<5;i++,a_ptr++)
    {
      printf("Subject%d:",i+1);
      scanf("%d",a_ptr);  /* 使用指针遍历数组 */
      sum=sum+*a_ptr;
      }
   average=(float)sum/5;
   printf("Sum=%d,Average=%0.2f\n",sum,average);
   }
// 指针偏移量法
#include <stdio.h>
void main()
{
   int i,sum=0,a[5];
   int *a_ptr=a;
   float average;
   printf("Input 5 grades:\n");
   for(i=0;i<5;i++)
   {
      printf("Subject%d:",i+1);
      scanf("%d",a_ptr+i);
      sum=sum+*(a_ptr+i); /* 因为 * 的优先级比 + 高，需要加括号 */
   }
    average=(float)sum/5;
    printf("Sum=%d,Average=%0.2f\n",sum,average);
}
```

程序说明：

①在指针下标法中，使用指针变量直接指向数组元素，不必每次都计算数组元素的地址。a_ptr++ 是指针变量进行自加操作，可以顺序遍历数组中的元素（顺序改变 a_ptr 的指向）。这种有规律的改变指针变量的指向操作能大大提高程序执行效率，也体现了使用指针引用数组

元素的灵活性。

②在指针偏移量法中，没有改变指针变量的指向，而是通过指针运算找到相应数组元素。

③若指针变量 a_ptr 指向数组 a，虽然 a_ptr +i 与 a+i、*(a_ptr +i) 与 *(a+i) 意义相同，但仍应注意 a_ptr 与 a 还是有区别的：a 代表数组的首地址是一个常量指针，在程序运行期间是不变的；a_ptr 是一个指针变量，可以指向数组中的任何元素。

④使用指针变量指向数组元素时，应注意保证指向数组中的有效元素，避免出现指针访问越界。

期末考试结束后，任课教师需要统计学生成绩，已知数据是全班学生每人某门课程的平时成绩和期末试卷成绩。根据教师指定的平时成绩与期末成绩比例，计算出每位学生该课程的总评成绩。

运行结果：

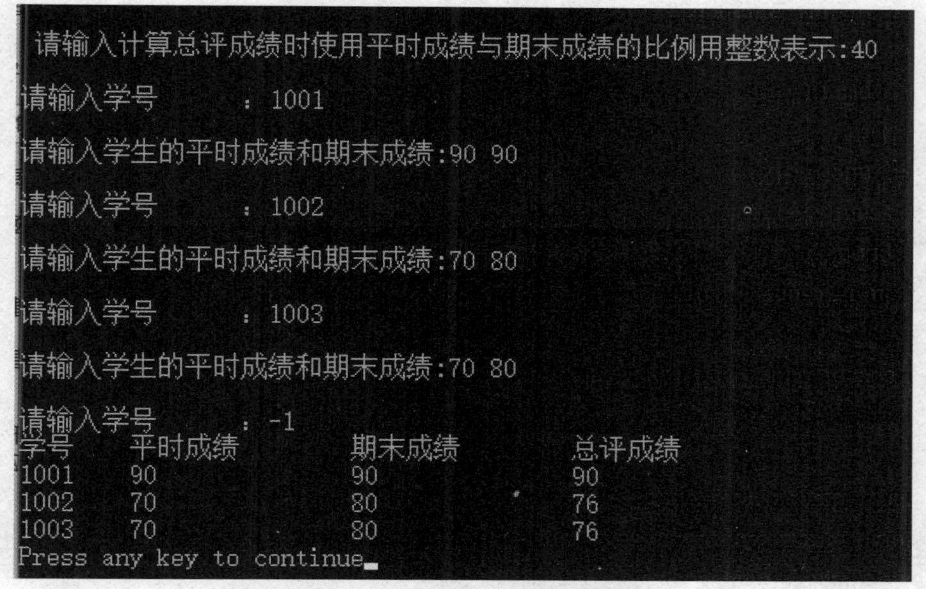

图 5.8　计算学生课程总评成绩效果图

步骤一：程序分析

（1）数据结构设计，分析每位学生一门课程至少需要学号、平时成绩、期末成绩和总评成绩 4 个信息，因此每位学生的信息需要用一个结构体变量保存，全班学生就是结构体数组。

```
struct student
{   int number;
    int score[3];
} stu[ ];
```

（2）为了增加程序的通用性，适用于人数不同的班级，输入学生信息时就需要设计一个结束条件。同时，还要考虑实际人数的统计。

（3）设置标识变量，确定录入的成绩是否在合法范围内。

步骤二：编写代码，如示例代码 5-3 所示。

示例代码 5-3

```
#include <stdio.h>
#define SIZE 300
typedef struct student
{   int number;
    int score[3];
}STUDENT;
void main()
{
  STUDENT stu[SIZE],*p;
  int percent,flag,sum=0,temp,i=0;
  printf("\n 请输入计算总评成绩时使用平时成绩与期末成绩的比例用整数表示 :");
  scanf("%d",&percent);
  p=stu;
  while(i<SIZE)
{
    printf("\n 请输入学号      :");
    scanf("%d",&p->number);
    if(p->number==-1)
    {
      break;
    }
    printf("\n 请输入学生的平时成绩和期末成绩 :");
    flag=1;
    while(flag==1)
    {
      scanf("%d%d",&p->score[0],&p->score[1]);
      if(p->score[0]<=100&&p->score[0]>=0&&p->score[1]<=100&&p->score[1]>=0)
        lag=0;
      else
        printf("\n\007 错误数据！ 请再次输入学生的平时成绩和期末成绩：");
    }
    temp=(int)(1.0*(percent)/100*p->score[0]+1.0*(100-percent)/100*p->score[1]);
```

```
        p->score[2]=temp;
        sum++;
        p++;
    }
    printf(" 学号 \t 平时成绩 \t 期末成绩 \t 总评成绩 \n");
    for(i=0,p=stu;i<sum;i++,p++)
    {
      printf("%-d\t%-d\t\t%-d\t\t%-d\n",stu[i].number,p->score[0],p->score[1],p->score[2]);
    }
}
```

拓展任务名称：一维数组 score 中存放 10 个学生成绩，求平均成绩。

运行结果

```
input 10 scores:
10 20 30 40 50 60 70 80 90 100
average score is 55.00
Press any key to continue
```

图 5.9 运行结果

编写代码，如示例代码 5-4 所示：

示例代码 5-4

```
#include <stdio.h>
float average(float array[10])
{
    int i;
    float aver,sum=array[0];
    for(i=1;i<10;i++ )
    sum=sum+array[i];
    aver=sum/10;
    return(aver);
}
void main()
{
```

```
float score[10],aver;
    int i;
    printf("input 10 scores:\n" );
    for(i=0;i<10;i++)
    scanf ("%f",&score[i]);
    aver=average(score);
    printf("average score is %5.2f\n",aver);
}
```

程序分析：

（1）用数组名作函数参数，应该在主调函数和被调用函数分别定义数组 array 是形参数组名，score 是实参数组名，分别在其所在函数中定义，不能只在一方定义。

（2）实参数组与形参数组类型应一致（都为 float 型），如不一致，结果将出错。

（3）实参数组和形参数组大小可以一致也可以不一致，C 编译对形参数组大小不做检查，只是将实参数组的首地址传给形参数组。

任务二　计算班级课程及格率、最高分和最低分

本技能点使用指针变量作为函数参数计算课程的及格率、最高分和最低分统计和分析程序。本任务实施中使用指针变量作为函数参数接收学生信息和成绩计算数据，实现及格率、最高分和最低分统计运算。

1　指针变量作为函数参数

函数和被调函数之间是以单向值传递的方式进行参数传递，被调函数不能直接修改主调函数中变量的值。引入指针概念后，在被调函数中可以使用指针改变主调函数中变量的值。使用指针变量作函数参数的机制是：在主调函数中将变量的指针（地址）作为参数传递给函数，在被调用函数的函数体内通过指针来访问参数，此时主函数和被调用函数共享同一块数据区。被调用函数可以根据指针修改参数的值，并且在其执行完后修改结果仍然能够得到保留。

使用指针做函数参时需注意以下 3 点要求：

● 指针变量，既可以作为函数的形参，也可以作实参。做形参时被调用函数的定义和声明必须指出参数类型是指针而不是数值；

● 指针变量作实参时，与普通变量一样，也是“单向值传递”，即将指针变量的值（地址）传递给被调用函数的形参（一个指针变量）；

● 被调用函数不能改变实参指针变量的值，但可通过形参指针变量改变它们所指向的变量的值。

指针变量做函数参数使用比较灵活，使用指针变量作为函数参数实现变量 a 和变量 b 交换数值，如示例代码 5-5 所示：

示例代码 5-5

```
#include <stdio.h>
void swap(int *p1_ptr,int *p2_ptr)
 /* 函数的功能是把 a 和 b 中较大的值存入 a，较小的值存入 */
{
  int max;
  max=*p1_ptr;              /* 引用指针变量交换两个数 */
  *p1_ptr=*p2_ptr;
  *p2_ptr=max;
}
void main()
{
  int a,b,*a_ptr,*b_ptr;
  printf("Please input two integer:");
  scanf("%d%d",&a,&b);
  printf("Before the sort:a=%d,b=%d\n",a,b);       /* 输出变量 a，b 值 */
  a_ptr=&a;                 /* 初始化指针变量 */
  b_ptr=&b;
  if(a<b)  swap(a_ptr,b_ptr);            /* 调用函数 swap()*/
  printf("After the sort:a=%d,b=%d\n",a,b); /* 输出变量的值 */
}
```

程序说明：

①函数 swap() 的形参是指针变量，可采用以下两种调用方式：

```
swap(pointer_1, pointer_2);  /* 指针变量作实参 */
swap(&a, &b);           /* 变量地址作实参 */
```

这两种方式都是传递 a 和 b 的地址值，指针变量 a_ptr 和 p1_ptr 指向变量 a，b_ptr 和 p2_ptr 指向变量 b。

②执行函数时，使 *p1_ptr 和 *p2_ptr 的值互换，也就是使变量 a 和 b 的值互换。函数调用结束后，形参被释放，main 中得到的 a 和 b 是已经被交换的值。

只有函数 swap() 知道变量 a 和 b 的地址，才能交换其值。若把 swap() 设计为下面的形式，是不能实现变量 a 和 b 的值交换，如示例代码 5-6 所示。

示例代码 5-6

```
#include <stdio.h>
void swap_1(int x,int y)  /* 函数的功能是交换 x 和 y 的值 */
{
    int t;
    t = x;
    x = y;
    y = t;
}
void swap_2(int *p1_ptr,int *p2_ptr) /* 交换形参的值 */
{
    int *temp_ptr;
    temp_ptr = p1_ptr;
    p1_ptr = p2_ptr;
    p2_ptr = temp_ptr;
}
void main()
{
  …
  if(a<b)  swap_1(a,b);              /* 调用函数 swap_1()*/
  if(a<b)  swap_2(*p,*q);            /* 调用函数 swap_2()*/…
}
```

程序说明：

①函数只能交换形参的值，不能实现实参值的交换。因为实参和形参之间使用单向值传递，数据只能由实参传到形参，实参不受形参值变化的影响。因此 swap_1() 不能实现 a 和 b 的值互换。

②以指针变量作函数的参数，实参和形参之间仍然遵循单向值传递的原则，也就是不能改变指针变量本身的值，但可以改变指针变量所指向的变量的值。因此，swap_2() 即使使用指针变量做函数参数也不能达到交换的目的。

期末考试结束后，任课教师需要统计学生成绩，已知数据是全班学生每人某门课程的平时成绩和期末试卷成绩。统计出该班级本门课程期末考试的及格率、最高分和最低分。

运行结果：

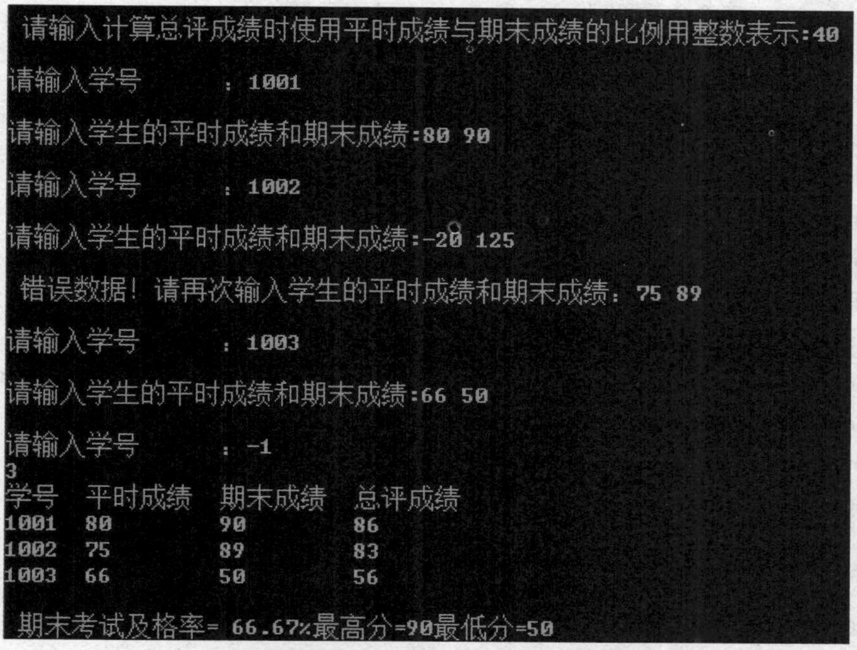

```
请输入计算总评成绩时使用平时成绩与期末成绩的比例用整数表示:40
请输入学号        : 1001
请输入学生的平时成绩和期末成绩:80 90
请输入学号        : 1002
请输入学生的平时成绩和期末成绩:-20 125
 错误数据！请再次输入学生的平时成绩和期末成绩：75 89
请输入学号        : 1003
请输入学生的平时成绩和期末成绩:66 50
请输入学号        : -1
3
学号  平时成绩  期末成绩  总评成绩
1001  80        90        86
1002  75        89        83
1003  66        50        56

 期末考试及格率= 66.67%最高分=90最低分=50
```

图 5.10　计算班级课程及格率、最高分和最低分效果图

步骤一：程序分析

（1）根据项目需求，本程序需要 4 个自定义函数。

- 第一个函数完成数据录入和人数统计功能；
- 第二个函数实现学生成绩单输出；
- 第三个函数计算出期末考试的及格率、最高分和最低分；
- 第四个函数实现统计结果的输出。

（2）每个自定义函数最多只有一个返回值，所以在第三个函数中要带回 3 个统计变量的值，依靠 return 语句是不可能的，因此要用指针变量作为形参。

步骤二：编写代码，如示例代码 5-7 所示。

示例代码 5-7

```
#include<stdio.h>
#define SIZE 300
typedef struct student
{   int number;
    int score[3];
}STUDENT;
int accept_data(STUDENT stu[],int *a);
```

```
void show_data_1(STUDENT stu[],int sum);
void count(int *max,int *min,double *pass,STUDENT stu[],int sum);
void show_data_2(int max,int min,double pass);

void main()
{int sum,max,min;
 int percent;
 double pass=0;
 STUDENT stu[SIZE];
 sum=accept_data(stu,&percent);
 printf("%d\n",sum);
 show_data_1(stu,sum);
 count(&max,&min,&pass,stu,sum);
 show_data_2(max,min,pass);
}

int accept_data(STUDENT stu[],int *a)
{
    int i=0,sum=0,temp,flag;
    printf("\n 请输入计算总评成绩时使用平时成绩与期末成绩的比例用整数表示 :");
    scanf("%d",a);
    while(i<SIZE)
    {
      printf("\n 请输入学号      :");
      scanf("%d",&stu[i].number);
      if(stu[i].number==-1)
      {
          sum=i;
          break;
      }
    printf("\n 请输入学生的平时成绩和期末成绩 :");
    flag=1;
    while(flag==1)
    {
     scanf("%d%d",&stu[i].score[0],&stu[i].score[1]);
```

```
        if(stu[i].score[0]<=100&&stu[i].score[0]>=0&&stu[i].score[1]<=100&&stu[i].score[1]>=0)
            flag=0;
        else
            printf("\n\007 错误数据！请再次输入学生的平时成绩和期末成绩：");
    }
    temp=(int)(1.0*(*a)/100*stu[i].score[0]+1.0*(100-*a)/100*stu[i].score[1]);
    stu[i].score[2]=temp;
    i++;
    }
    return sum;
}

void show_data_1(STUDENT stu[],int sum)
{
    int i,j;
    printf(" 学号  平时成绩  期末成绩  总评成绩 \n");
    for(i=0;i<sum;i++)
    {
        printf("%-6d",stu[i].number);
        for(j=0;j<3;j++)
            printf("%-10d",stu[i].score[j]);
        printf("\n");
    }
}

void count(int *max,int *min,double *pass,STUDENT stu[],int sum)
{
   int i,p_sum=0;
   *max=*min=stu[0].score[1];
   if(stu[0].score[1]>=60)
      p_sum++;
   for(i=1;i<sum;i++)
   { if(stu[i].score[1]>*max)
         *max=stu[1].score[1];
      if(stu[i].score[1]<*min)
```

```
            *min=stu[i].score[1];
        if(stu[i].score[1]>=60)
            p_sum++;
    }
    *pass=(1.0*p_sum/sum)*100;
}

void show_data_2(int max,int min,double pass)
{
    printf("\n 期末考试及格率 =%6.2f%% 最高分 =%d 最低分 =%d\n",pass,max,min);

}
```

拓展任务名称：一维数组 score 中存放 N 个学生成绩，求平均成绩。

运行结果

```
input the scores number:
6
input 6 scores:
85 95 85 45 25 55
average score is 65.00
Press any key to continue
```

图 5.11 运行结果

编写代码，代码如示例代码 5-8 所示：

示例代码 5-8

```
#include <stdio.h>
float average(float array[],int n)
{
    int i;
    float aver,sum=array[0];
    for(i=1;i<n;i++ )
      sum=sum+array[i];
    aver=sum/n;
```

```
        return (aver);
    }
    void main()
    {
        float score[10],aver;
        int i,n;
        printf("input the scores number:\n" );
        scanf ("%d",&n);
        printf("input %d scores:\n",n );
        for(i=0;i<n;i++)
          scanf ("%f",&score[i]);
        aver=average(score,n);
        printf("average score is %5.2f\n",aver);
    }
```

任务三　统计平时成绩、期末成绩和总评成绩各分数段人数

本技能点使用枚举类型和静态变量设计班级的平时成绩、期末成绩、总评成绩各分数段人数统计和分析程序。本任务实施中使用枚举类型作为学生的平时成绩和期末成绩统计录入标志为变量，使用局部静态变量录入学生成绩，实现平时成绩、期末成绩和总评成绩各分数段人数统计。

1　枚举类型

在 C 语言中，枚举类型是一种构造数据类型，它用于声明一组命名的常数，当一个变量有几种可能的取值时，可以将它定义为枚举类型。例如人的性别只有两种取值，星期只有七种取值等。

定义枚举类型的格式如下：

```
enum 枚举类型名 { 值列表 };
```

定义一个枚举类型，使其有 7 个枚举元素，示例代码如下所示：

```
// 方式一
enum weekday{sun,mon,tue,wed,thu,fri,sat};   /* 定义枚举类型名 enum weekday */
enum weekday day;  /* 定义枚举变量 */
// 方式二
enum weekday{sun,mon,tue,wed,thu,fri,sat} day;
// 方式三
enum weekday{sun=7,mon=1,tue,wed,thu,fri,sat}day;
```

程序说明：

①枚举元素不是变量，而是常数，因此枚举元素又称为枚举常量。既然是常量，就不能对枚举元素进行赋值。

②枚举元素是有值的，在编译时按定义的顺序使它们的值默认为 0，1，2，3……。在示例代码中，sun 的值为 0，mon 的值为 1，……sat 的值为 6，若有赋值语句 day=mon；则 day 变量的值将会变为为 1。

③若在定义枚举类型时指定元素的值，也可以改变枚举元素的值。例如 sun 为 7，mon 为 1，以后元素顺次加 1，所以 sat 就是 6 。

④枚举值可以用来作判断，枚举值的比较规则是：按其在说明时的顺序号比较，若说明时没有人为指定，则第一个枚举元素的值认作 0。

⑤一个整数不能直接赋给一个枚举变量，必须强制进行类型转换才能赋值。“day=(enum weekday)2;”语句是将顺序号为 2 的枚举元素赋给 day，相当于“workday=tue;”。

期末考试结束后，任课教师需要统计学生成绩，已知数据是全班学生每人某门课程的平时成绩和期末试卷成绩。分别统计平时成绩、期末成绩和总评成绩各分数段（90 分及以上，80~89，70~79，……）的人数。另外，由于老师比较忙，所以全班成绩要分 2 次录入。

运行结果：

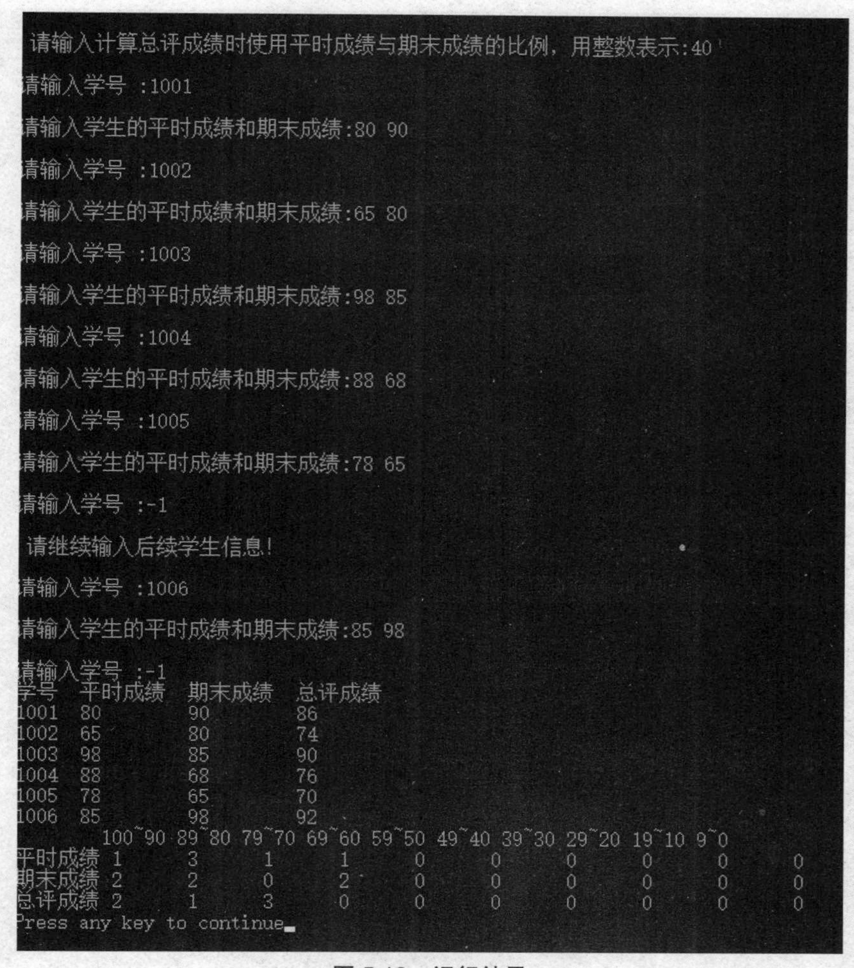

图 5.12　运行结果

步骤一：程序分析。

①根据项目需求，本程序需要 3 个自定义函数。

- 第一个函数完成数据录入、人数统计、各数据段人数统计功能；
- 第二个函数实现学生成绩单输出（与任务 2 中相同）；
- 第三个用来显示统计结果。

②由于统计的人数是连续的，并且平时成绩与期末成绩的比例也是一致的没有必要重复输入，所以本任务实施中成绩数据读取函数，与任务 2 中的改进之处在于，所有数据分两批输入。因此，需要定义局部静态变量。

③本任务实施的成绩数据读取函数，增加各数据段人数统计功能，因为基本上 10 分为一段，所以可以利用整除的特性，快速统计，并不用 if-else 嵌套。

步骤二:编写代码,如示例代码 5-9 所示。

示例代码 5-9

```
#include "string.h"
#include <stdio.h>
#define SIZE 300
typedef struct student
{   int number;
    int score[3];
}STUDENT;
typedef enum boolean
{   False,True
} FLAG;
int accept_data_2(STUDENT stu[],int grade[3][10]);
void show_data_1(STUDENT stu[], int sum);
void show_data_4(int grade[3][10]);
void main()
{   int sum;
    int grade[3][10]={0};
    STUDENT stu[SIZE];
    sum=accept_data_2(stu,grade);
    sum=accept_data_2(stu,grade);
    show_data_1(stu,sum);
    show_data_4(grade);
}

int accept_data_2(STUDENT stu[],int grade[3][10])
{
   static int sum=0,percent;
   int i,j,temp,ss=0;
   FLAG flag;
   i=sum;
   if(sum==0)
   {
       printf("\n 请输入计算总评成绩时使用平时成绩与期末成绩的比例,用整数
表示 :");
       scanf("%d",&percent);
   }
```

```
	else
		printf("\n 请继续输入后续学生信息！ \n");
	while(i<SIZE)
	{
		printf("\n 请输入学号 :");
		scanf("%d",&stu[i].number);
		if(stu[i].number==-1)
		{
			sum=i;
			break;
		}
		printf("\n 请输入学生的平时成绩和期末成绩 :");
		flag=True;
		while(flag==True)
		{
			scanf("%d%d",&stu[i].score[0],&stu[i].score[1]);
	if(stu[i].score[0]<=100&&stu[i].score[0]>=0&&stu[i].score[1]<=100&&stu[i].
score[1]>=0)
					flag=False;
			else
					printf("\n\007 错误数据！请再次输入学生的平时成绩和期末成绩 :");
		}
		temp=(int)(1.0*percent/100*stu[i].score[0]+1.0*(100-percent)/100*stu[i].
score[1]);
		stu[i].score[2]=temp;
		for(j=0;j<3;j++)
		{
			temp=(stu[i].score[j])/10;
			if(temp==10)
				grade[j][9]++;
			else
				grade[j][temp]++;
		}
		i++;
	}
```

```
    return sum;
}

void show_data_1(STUDENT stu[],int sum)
{
    int i,j;
    printf(" 学号  平时成绩  期末成绩  总评成绩 \n");
    for(i=0;i<sum;i++)
    {
        printf("%-6d",stu[i].number);
        for(j=0;j<3;j++)
        printf("%-10d",stu[i].score[j]);
        printf("\n");
    }
}

void show_data_4(int grade[3][10])
{
    int i,j;
    char  str[3][10]={" 平时成绩 "," 期末成绩 "," 总评成绩 "};
    printf("\t100~90 89~80 79~70 69~60 59~50 49~40 39~30 29~20 19~10 9~0\n");
    for(i=0;i<3;i++)
    {
        printf("%s ",str[i]);
        for(j=9;j>=0;j--)
        printf("%-7d",grade[i][j]);
        printf("\n");
    }
}
```

拓展任务名称：一个月中有 31 天，如果输入第一天是星期 3，使用枚举类型列出当前月每天对应的星期数。

运行结果

```
输入当月第一天的星期：（星期 1--1，星期 2--2...星期日--0)
3
                              1 wed    2 thu    3 fri    4 sat
  5 sun    6 mon    7 tue    8 wed    9 thu   10 fri   11 sat
 12 sun   13 mon   14 tue   15 wed   16 thu   17 fri   18 sat
 19 sun   20 mon   21 tue   22 wed   23 thu   24 fri   25 sat
 26 sun   27 mon   28 tue   29 wed   30 thu   31 fri
Press any key to continue
```

图 5.13　运行结果

编写代码，如示例代码 5-10 所示：

示例代码 5-10

```
#include <stdio.h>
void main()
{
    int day;
    printf(" 输入当月第一天的星期：( 星期 1--1，星期 2--2... 星期日 --0)\n");
    scanf("%d",&day);
    enum weekday
    { sun,mon,tue,wed,thu,fri,sat }date[32],j;
     int i;
     for(i=1;i<=31;i++)
     {
       j=(enum weekday)(((int)i+day-1)%7);
       date[i]=j;
     }
     for(i=0;i<day;i++)
     {
      printf(" \t");
     }
     for(i=1;i<=31;i++)
     {
        switch(date[i])
        {
         case sun:printf("\n %2d %s\t",i,"sun"); break;
         case mon:printf(" %2d %s\t",i,"mon"); break;
         case tue:printf("%2d %s\t",i,"tue"); break;
         case wed:printf(" %2d %s\t",i,"wed"); break;
         case thu:printf(" %2d %s\t",i,"thu"); break;
```

```
            case fri:printf(" %2d %s\t",i,"fri"); break;
            case sat:printf(" %2d %s\t",i,"sat"); break;
            default:break;
          }
      } printf("\n");
  }
```

任务四　按总评成绩为全班学生排序

本技能点使用排序算法设计班级同学按总评成绩排序程序。本任务实施中使用冒泡法作为排序算法，实现班级学生按总评成绩从大到小排序。

1　排序算法

排序算法即通过特定的算法因式将一组或多组数据按照既定模式进行重新排序。在算法中有 8 种基本排序算法：插入排序、冒泡排序、选择排序、希尔排序、归并排序、快速排序、基数排序和堆排序。本任务将重点介绍插入排序、冒泡排序和选择排序这 3 种适合新手入门的排序算法。

（1）插入排序

插入排序就是假设已经有一个排好序的数字列，现在要把一个新数插入其中，使数列依然保持排序状态。具体算法可描述为以下 6 步：

- 第一步：从第一个元素开始，该元素可以认为已经被排序；
- 第二步：取出下一个元素，在已经排序的元素序列中从后向前扫描；
- 第三步：如果该元素（已排序）大于新元素，将该元素移到下一位置；
- 第四步：重复步骤 3，直到找到已排序的元素小于或者等于新元素的位置；
- 第五步：将新元素插入到该位置后，
- 第六步：重复步骤 2~5。

从键盘输入十个整数，用插入排序对输入的数据按照从小到大的顺序进行排序，将排序后的结果输出，如示例代码 5-11 所示：

示例代码 5-11

```
#include <stdio.h>
#define N 10
```

```
void main( )
{
  int i,j,num,a[N];
  for(i=0; i<N;i++)
  {
    printf("Enter No. %d:", i+1);
    scanf("%d",&num);
    for(j=i-1;j>=0&&a[j]>num;j--)
      a[j+1]=a[j];
    a[j+1]=num;
  }
  for(i=0; i<10; i++)
  printf ("No.%d=%d\n", i+1, a[i]);
}
```

（2）冒泡排序

冒泡排序是一种简单直观的排序算法，这种方法主要是通过对相邻两个元素进行大小的比较，根据比较结果和算法规则对这两个元素的位置进行交换，这样逐个依次进行比较和交换，就能达到排序目的。具体算法可描述为以下 4 步：

- 第一步：比较相邻的元素。如果第一个比第二个大，就交换它们两个；
- 第二步：对每一对相邻元素做同样的工作，从开始第一对到结尾的最后一对。遍历结束后，最后的元素应该会是当前最大的数；
- 第三步：针对所有的元素重复以上的步骤，除了最后一个；
- 第四步：持续每次对越来越少的元素重复上面的步骤，直到没有任何一对数字需要比较。

根据冒泡排序的原理和机制，编写实现代码，如示例代码 5-12 所示：

示例代码 5-12

```
void bubble (int a[],int n)
{
  int i,j;
  int flag;
  for(i=0;i<n-1;i++)
  {
    flag=1;
    for(j=n-1;j>i;j--)
      if(a[j-1]>a[j])
      {swap(&a[j-1],&a[j]);
```

```
        flag=0;}
        if (flag) break;
    }
  }
```

（3）选择排序

选择排序是对定位比较交换法（也就是冒泡排序法）的一种改进。它的基本思想是：每一次在 n-i+1（i=1，2，…n-1）个数中选取最小值作为有序序列中第 i 个记录。具体算法可描述为以下 3 步：

第一步：第 1 次遍历，在待排序的 n 个数中选出最小值，将它与第一个数交换；

第二步：第 2 次遍历，在待排序的 n-1 个数中选出最小值，将它与第二个数交换，以此类推；

第三步：第 i 次遍历，在待排序的 n-i 个数中选出最小值，将它与第 i 个数交换，使有序序列不断增长直到全部排序完毕。

根据选择排序的原理和机制，编写实现代码，如示例代码 5-13 所示：

示例代码 5-13

```
void select(int r[n+1])
{
 int i,j,p,t;
 for(i=1;i<n;i++)
 {
   p=i;
   for(j=i+1;j<=n;j++)
        if(r[j]<r[p]) p=j;
        if(p!=i)
        {
          t=r[i];
          r[i]=r[p];
          r[p]=t;
    }
  }
}
```

期末考试结束后，任课教师需要统计学生成绩，已知数据是全班学生每人某门课程的平时

成绩和期末试卷成绩。按总评成绩为全班学生排序（冒泡法）。

运行结果：

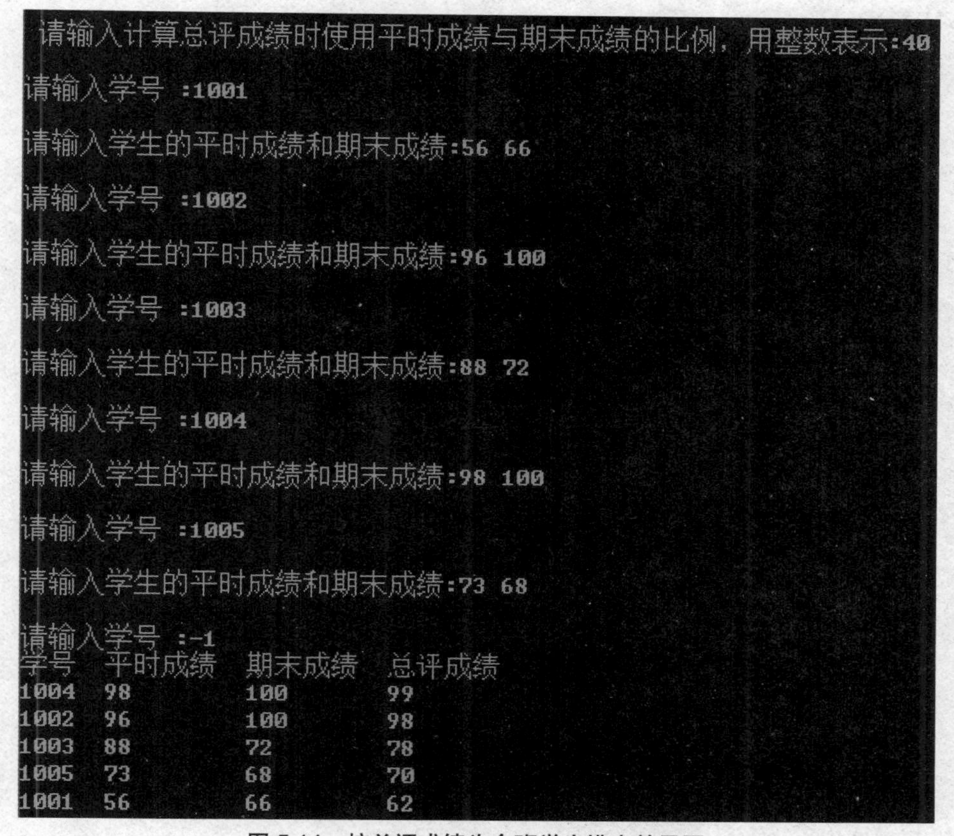

图 5.14　按总评成绩为全班学生排序效果图

步骤一：程序分析。

（1）根据项目需求，本程序需要 3 个自定义函数。

- 第一个函数完成数据录入和人数统计功能（与前面类同）；
- 第二个函数实现学生成绩单输出（与前面类同）；
- 第三个函数完成按总评成绩从大到小排序。

（2）编写排序函数，依照冒泡排序算法，注意两点：一是从大到小排序；二是以结构体数组为参数，以便把排序后的结果返回。

（3）定义标识 flag，取值只有 2 种，可以使用枚举类型。

步骤二：编写代码，如示例代码 5-14 所示。

示例代码 5-14 按总评成绩为全班学生排序

```
#include<stdio.h>
#define SIZE 300
typedef struct student
```

```
{   int number;
    int score[3];
}STUDENT;
typedef enum boolean
{  False,True
} FLAG;
int accept_data(STUDENT stu[]);
void swap(STUDENT *p1,STUDENT *p2);
void bubble(STUDENT stu[],int sum);
void show_data_1(STUDENT stu[],int sum);

void main()
{  int sum;
   STUDENT stu[SIZE];
   sum=accept_data(stu);
   bubble(stu,sum);
   show_data_1(stu,sum);
}

int accept_data(STUDENT stu[])
{
  int i=0,sum=0,temp,ss=0,percent;
  FLAG flag;
  printf("\n 请输入计算总评成绩时使用平时成绩与期末成绩的比例,用整数表示 :");
  scanf("%d",&percent);
  while(i<SIZE)
  {
      printf("\n 请输入学号 :");
      scanf("%d",&stu[i].number);
      if(stu[i].number==-1)
      {
        sum=i;
        break;
      }
```

```
        printf("\n 请输入学生的平时成绩和期末成绩 :");
        flag=True;
        while(flag==True)
        {
          scanf("%d%d",&stu[i].score[0],&stu[i].score[1]);
          if(stu[i].score[0]<=100&&stu[i].score[0]>=0&&stu[i].score[1]<=100
                 &&stu[i].score[1]>=0)
               flag=False;
      else
               printf("\n\007 错误数据！ 请再次输入学生的平时成绩和期末成绩 :");
        }
        temp=(int)(1.0*percent/100*stu[i].score[0]+1.0*(100-percent)/100*stu[i].score[1]);
        stu[i].score[2]=temp;
        i++;
    }
   return sum;
  }

  void show_data_1(STUDENT stu[],int sum)
  {
       int i,j;
       printf(" 学号  平时成绩  期末成绩  总评成绩 \n");
       for(i=0;i<sum;i++)
       {
         printf("%-6d",stu[i].number);
         for(j=0;j<3;j++)
            printf("%-10d",stu[i].score[j]);
         printf("\n");
       }
  }

  void swap(STUDENT *st1,STUDENT *st2)
  {
    STUDENT temp;
    int i;
    temp.number=st1->number;
    st1->number=st2->number;
    st2->number=temp.number;
```

```
    for(i=0;i<3;i++)
    {
     temp.score[i]=st1->score[i];
     st1->score[i]=st2->score[i];
     st2->score[i]=temp.score[i];
    }
}

void bubble (STUDENT stu[],int sum)
{
 int i,j;
 FLAG flag;
 for(i=0;i<sum-1;i++)
  {
    flag=True;
    for(j=sum-1;j>i;j--)
   {
    if(stu[j-1].score[2]<stu[j].score[2])
    {
      swap(&stu[j-1],&stu[j]);
      flag=False;
    }
    }
    if (flag)
     break;
  }
}
```

拓展任务名称：将数组中 N 个整数按相反顺序存放。

运行结果

```
原数组为:
3,7,9,11,0,6,7,5,4,2,
原数组倒序之后:
2,4,5,7,6,0,11,9,7,3,
Press any key to continue
```

图 5.15　运行结果

编写代码，如示例代码 5-15 所示：

示例代码 5-15

```
#include <stdio.h>
void inv(int x[],int n) /* 形参 x 是数组名 */
{
    int temp,i,j,m=(n-1)/2;
    for(i=0;i<=m;i++)
    {
      j=n-1-i;
      temp=x[i];x[i]=x[j];x[j]=temp;
    }
}
void main( )
{
    int i,a[10]={3,7,9,11,0,6,7,5,4,2};
    printf(" 原数组为 :\n");
    for(i=0;i<10;i++)
      printf("%d,",a[i]);
    printf("\n");
    inv(a,10);
    printf(" 原数组倒序之后 :\n");
    for(i=0;i<10;i++)
      printf("%d,",a[i]);
    printf("\n");
}
```

任务五　班级成绩报表可视化

本技能点使用程序测调设计班级成绩可视化报表程序。本任务实施中使用条件运算逻辑处理，输出成绩报表的过程较为复杂，使用程序测调技巧达到最优效果，实现班级成绩报表可视化输出。

1 程序测调

程序测调是程序员非常重要的基本技能，既需要有正确的方法也需要经验的不断积累，建议初学者在编程的开始阶段有意识地记录下每次遇到的错误及解决方法，日积月累一定会有所收获。

（1）程序测试

程序测试是为了发现错误而执行程序的过程。初学者往往非常重视编译，一旦编译正确，程序能显示结果，就以为程序设计的工作全部完成了。其实不然，大家已经知道，编译器可以检测出语法错误，但不能检测在程序运行时才显示出来的运行时错误和逻辑错误。因此，需要通过程序测试来确定程序是否还存在错误。因此，程序测试应采用必要的方法和步骤，以便检测出程序中更多的错误，但任何方法都不能保证检测出程序中的所有错误。

对程序每进行一次测试就需要一组数据，称为“测试用例”。程序测试的关键是设计测试用例。在设计测试用例时，不能盲目地选择数据，最坏的情况就是使用随机的测试数据作为测试用例。应根据程序设计要求来设计测试用例，测试的目标是用有限的测试用例去发现更多的错误。测试用例的一个可用标准是：程序可能进行的所有不同条件和路径都必须测试到。

程序测试过程包括两个阶段，一是人工测试；二是基于计算机的测试。人工测试是一种高效的错误检测过程，依照常见错误列表对逐条语句进行分析。除了查找错误之外，还要查看编程风格和算法的选择。基于计算机的测试，就是在计算机上使用测试用例真正运行程序，然后检查运行显示的结果是否与测试用例的预期结果一致。运行时错误可能会产生运行时错误消息。

对于较大的程序而言，程序测试可按模块进行，模块测试也称单元测试，仅在模块范围内进行。因为每个模块都只完成相对独立和单一的功能，所以测试相对简单。所有模块都测试之后，再进行集成测试，来查看模块之间的数据是否匹配、传递是否正确等。

（2）程序调试

程序调试是指隔离和改正错误的过程。一个简单的调试方法是在程序中放置显示语句来显示变量的值。它将显示程序的动态信息，便于查看和比较执行不同语句后变量的变化，从而确定出错的语句。一旦确定出错位置并改正错误后，就可把调试语句去掉。或者使用C语言集成开发环境中提供的单步运行功能也可。

另外两种程序调试方法，一种是使用推导过程，利用排除和细化过程来确定错误位置；另一种错误定位法是顺着程序的逻辑回推不正确结果，直到找到错误位置。

常用简单程序调试方法如下：

- 通过观察循环中的变量分析程序，如使用 Alt+B，可设置需观察的变量；
- 使用 printf() 函数监控变量；
- 可用注释语句临时注释掉暂时不调试的语句。

本任务：期末考试结束后，任课教师需要统计学生成绩，已知数据是全班学生每人某门课

程的平时成绩和期末试卷成绩，将统计结果按以表 5.1 形式输出，并要求对程序进行测试。

表 5.1　学生成绩可视化表格形式

分类	项目	不及格	60—69	70—79	80—89	90—100	平均分	标准差
平时成绩	人数	××	××	××	××	××	××.×	××.×
	比例	××.××%	××.××%	××.××%	××.××%	××.××%		
期末成绩	人数	××	××	××	××	××	××.×	××.×
	比例	××.××%	××.××%	××.××%	××.××%	××.××%		
总评成绩	人数	××	××	××	××	××	××.×	××.×
	比例	××.××%	××.××%	××.××%	××.××%	××.××%		
期末考试及格率：××%　期末成绩最高分：××　期末成绩最低分：×× 总评成绩 = 平时成绩 *××%+ 期末成绩 *××%　学生总人数 ×× 名								

运行结果：

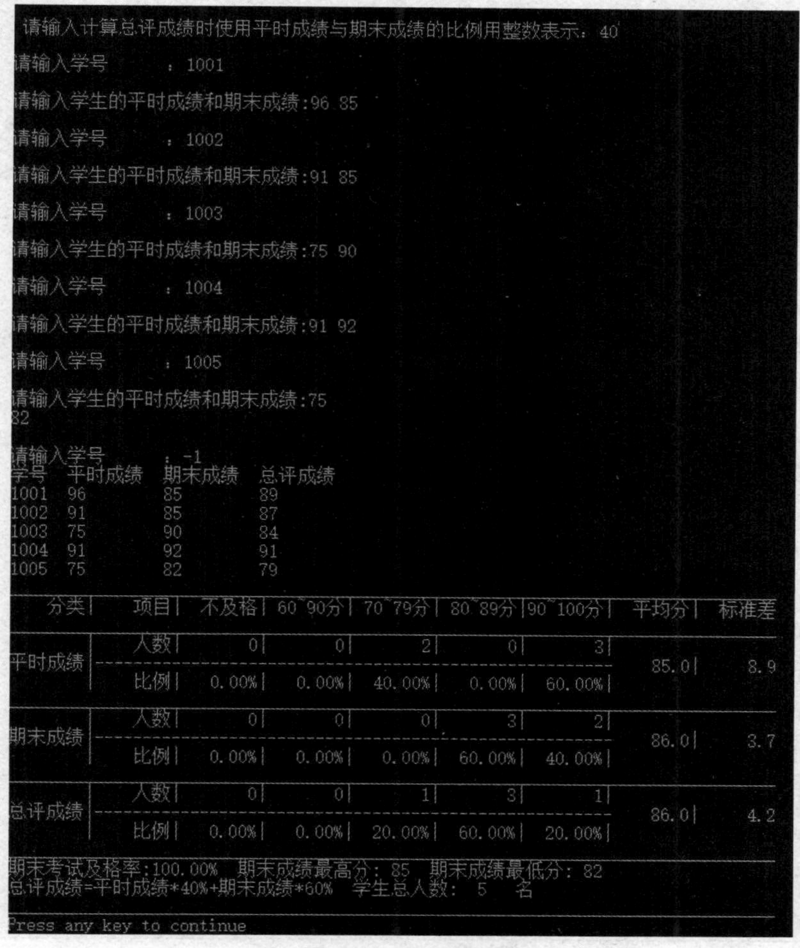

```
请输入计算总评成绩时使用平时成绩与期末成绩的比例用整数表示: 40
请输入学号      : 1001
请输入学生的平时成绩和期末成绩:96 85
请输入学号      : 1002
请输入学生的平时成绩和期末成绩:91 85
请输入学号      : 1003
请输入学生的平时成绩和期末成绩:75 90
请输入学号      : 1004
请输入学生的平时成绩和期末成绩:91 92
请输入学号      : 1005
请输入学生的平时成绩和期末成绩:75
82
请输入学号      : -1
学号  平时成绩  期末成绩  总评成绩
1001  96        85        89
1002  91        85        87
1003  75        90        84
1004  91        92        91
1005  75        82        79

   分类|   项目| 不及格| 60~90分| 70~79分| 80~89分|90~100分|  平均分|  标准差
平时成绩|   人数|      0|       0|       2|       0|       3|
        |-----------------------------------------------------|  85.0|    8.9
        |   比例|  0.00%|   0.00%|  40.00%|   0.00%|  60.00%|
期末成绩|   人数|      0|       0|       0|       3|       2|
        |-----------------------------------------------------|  86.0|    3.7
        |   比例|  0.00%|   0.00%|   0.00%|  60.00%|  40.00%|
总评成绩|   人数|      0|       0|       1|       3|       1|
        |-----------------------------------------------------|  86.0|    4.2
        |   比例|  0.00%|   0.00%|  20.00%|  60.00%|  20.00%|
期末考试及格率:100.00%  期末成绩最高分: 85  期末成绩最低分: 82
总评成绩=平时成绩*40%+期末成绩*60%  学生总人数:  5  名
Press any key to continue
```

图 5.16　运行结果

步骤一：程序分析。

（1）本程序与前面的任务有许多相似的地方，在此不再赘述。

（2）统计函数是关键，设计好数据结构。

（3）设计输出表格时，要充分利用自定义函数和循环结构。

步骤二：编写代码，如示例代码 5-16 所示。

示例代码 5-16

```
#include <string.h>
#include "math.h"
#include <stdio.h>
#define SIZE 300
typedef struct student
{   int number;
    int score[3];
}STUDENT;
typedef enum boolen
{False,True
}FLAG;
int accept_data(STUDENT stu[],int grade[3][10],int *a,double p[3][5]);
void show_data_1(STUDENT stu[], int sum);
void count(int *max,int *min,double *pass,double ave[],double f[],STUDENT stu[],
          int sum);
void printRow(int n);
void show_data3(int grade[3][10],double p[3][5],double a[3],double f[3],double pass,
               int aa,int max,int min,int sum);

void main()
{
  int sum,max,min;
  int a;
  double pass=0;
  int grade[3][10]={0};
  double percent[3][5];
  STUDENT stu[SIZE];
  double ave[SIZE],f[SIZE];
  sum=accept_data(stu,grade,&a,percent);
  show_data_1(stu,sum);
  count(&max,&min,&pass,ave,f,stu,sum);
```

```
 show_data3(grade,percent,ave,f,pass,a,max,min,sum);
}

int accept_data(STUDENT stu[],int grade[3][10],int *a,double p[3][5])
{
    int i=0,j,sum=0,temp,ss=0;
    FLAG flag;
    printf("\n 请输入计算总评成绩时使用平时成绩与期末成绩的比例用整数表示：");
    scanf("%d",a);
    while(i<SIZE)
    {
      printf("\n 请输入学号      ：");
      scanf("%d",&stu[i].number);
      if(stu[i].number==-1)
      {
         sum=i;
         break;
      }
      printf("\n 请输入学生的平时成绩和期末成绩 :");
      flag=True;
      while(flag==True)
      {
         scanf("%d%d",&stu[i].score[0],&stu[i].score[1]);
         if(stu[i].score[0]<=100&&stu[i].score[0]>=0&&stu[i].score[1]<=100&&
                  stu[i].score[1]>=0)
           flag=False;
         else
           printf("\n\007 错误数据！请再次输入学生的平时成绩和期末成绩：");
      }
      temp=(int)(1.0*(*a)/100*stu[i].score[0]+1.0*(100-*a)/100*stu[i].score[1]);
      stu[i].score[2]=temp;
      for(j=0;j<3;j++)
      {temp=(stu[i].score[j])/10;
         if(temp==10)
             grade[j][9]++;
         else
             grade[j][temp]++;
      }
```

```
        i++;
    }
    for(i=0;i<3;i++)
    {for(j=0;j<6;j++)
        ss=ss+grade[i][j];
      p[i][0]=100.0*ss/sum;
      for(j=1;j<5;j++)
        p[i][j]=100.0*grade[i][j+5]/sum;
    }
    return sum;
}

void show_data_1(STUDENT stu[],int sum)
{
    int i,j;
    printf(" 学号  平时成绩  期末成绩  总评成绩 \n");
    for(i=0;i<sum;i++)
    {
        printf("%-6d",stu[i].number);
        for(j=0;j<3;j++)
            printf("%-10d",stu[i].score[j]);
        printf("\n");
    }
}

void count(int *max,int *min,double *pass,double ave[],double f[],STUDENT stu[],
            int sum)
{
    int i,j,p_sum=0;
    int total[3];
    double temp;
    *max=*min=stu[0].score[1];
    if(stu[0].score[1]>=60)
        p_sum++;
    for(i=1;i<sum;i++)
    {
        if(stu[i].score[1]>*max)
          *max=stu[1].score[1];
```

```
        if(stu[i].score[1]<*min)
            *min=stu[i].score[1];
        if(stu[i].score[1]>=60)
            p_sum++;
    }
    *pass=(1.0*p_sum/sum)*100;
   for(i=0;i<=2;i++)
      total[i]=0;
   for(j=0;j<3;j++)
      for(i=0;i<sum;i++)
      {
         total[j]=total[j]+stu[i].score[j];
      }
    for(j=0;j<3;j++)
    {
       ave[j]=total[j]/sum;
    }
    for(j=0;j<3;j++)
    {
      f[j]=0;
      for(i=0;i<sum;i++)
      {
       temp=stu[i].score[j]-ave[j];
       f[j]=f[j]+temp*temp;
      }
      f[j]=sqrt(fabs(f[j]/sum));
    }
}

void printROW (int n)
{  int i;
  for(i=1;i<=n;i++)
      printf("_");
  printf("\n");
}

void show_data3(int g[3][10],double p[3][5],double a[3],double b[3],double pass,
                 int aa,int max,int min,int sum)
```

```
{
    int i,k;
    printROW(80);
    printf("%8s|%8s|%8s|%8s|%8s|%8s|%8s|%8s|%8s\n"," 分类 "," 项目 "," 不及格 ",
        "60~90 分 ","70~79 分 ","80~89 分 ","90~100 分 "," 平均分 "," 标准差 ");
    printROW(80);
    for(i=1;i<=3;i++)
    {
        printf("%8s|%8s|"," "," 人数 ");
        for(k=1;k<=5;k++)
        {
        if(k==1)
            printf("%8d|",g[i-1][0]+g[i-1][1]+g[i-1][2]+g[i-1][3]+g[i-1][4]+g(i-1)(5);
        else
            printf("%8d|",g[i-1][k+4]);
        }
        printf("\n");
        switch(i)
          {
            case 1: printf("%8s|"," 平时成绩 ");break;
            case 2: printf("%8s|"," 期末成绩 ");break;
            case 3: printf("%8s|"," 总评成绩 ");break;
          }
          for(k=1;k<=54;k++)
            printf("-");
          printf("%8.1f|%8.1f\n",a[i-1],b[i-1]);
          printf("%8s|%8s|"," "," 比例 ");
          for(k=1;k<=5;k++)
            printf("%7.2f%%|",p[i-1][k-1]);
          printf("\n");
          printROW(80);
    }
    printf(" 期末考试及格率 :%5.2f%%  期末成绩最高分 :%3d  期末成绩最低
分 :%3d\n",pass,max,min);
    printf(" 总评成绩 = 平时成绩 *%2d%%+ 期末成绩 *%2d%%  学生总人数 :%3d
名 \n",aa,100-aa,sum);
    printROW(80);
}
```

拓展任务名称：判断所输入的字符串是否是数字字符串。

运行结果

```
请输入待处理的字符串
741852963
所输入的字符串为纯数字串.
Press any key to continue
```

图 5.17　运行结果

编写代码，如示例代码 5-17 所示：

示例代码 5-17

```
#include <stdio.h>
void main()
{
    char *p1="0123456789";
    char *P1_Start;
    P1_Start = p1;
    char a[100];
    /* 指针 p2 指向数组中第一个元素的首地址，也可以写成 char *p=a 效果是一
    样的，只是含义有所不同，代码中指针是指向数组中元素的，而 char *p=a 是指
    向数组的。*/
    char *p2=&a[0];
    /* 设标志位初值为，代表不为数字。*/
    char flag='0';
    printf(" 请输入待处理的字符串 \n");
    gets (a);
    while(*p2!='\0') //p2 指针所指向的数组中的元素是否为字符串结束标记
    {
      p1=P1_Start;
      flag = '0';
      while(*p1!='\0') //p1 指针所指向的数组中的元素是否为字符串结束标记
      {
        /* 如果两个指针所指向的元素相同，即输入字符串中的当前元为数字，
        那么跳出内层循环，读取下一个待比较的元素 */
```

```
            if(*p2==*p1)
            {
               flag='1';
               break;
            }
            p1++; //p1 指针移动到下一个元素
         }
         if(flag=='0')
           break;
         p2++; //p2 指针移动到下一个元素
      }
      if(flag=='1')
        printf(" 输入的字符串为纯数字串 \n");
      else
        printf(" 所输入的字符串不是纯数字串 \n");
   }
```

本项目通过 5 个任务，对 C 语言的重要特点——指针，有初步的认识和理解，能够学会指针变量的常用应用方法，还学习各种数据统计及简单的排序算法。同时，懂得程序调试与测试的一般方法，更主要的是进一步提升根据实际需求设计数据结构和算法的能力。根据如下表格查验是否掌握本项目内容。

内容	是否掌握
C 语言中逗号运算、条件运算的应用	□掌握 □未掌握
C 语言指针类型定义、变量声明和应用	□掌握 □未掌握
C 语言中枚举类型定义、变量声明和应用	□掌握 □未掌握
简单排序方法：插入法、冒泡法、选择法的原理和应用	□掌握 □未掌握
条件运算符的应用	□掌握 □未掌握
程序调试与测试的流程、方法	□掌握 □未掌握

pointer	指针	reference	引用
data　format	数据格式	type conversion	类型转换
sort	排序	static	静态的
extern	外部的	application	应用
enumerate	枚举	union	联合（共用体）

一、选择题

1. 下列说法中不正确的是 ________。
   A. 指针是一个变量　　B. 指针中存放的是地址值
   C. 指针可以进行加、减等算术运算　　D. 指针变量不占用存储空间
2. 若有 int *p,a[10];p=a; 则下列写法不正确的是 ________。
   A. p=a+2　　B.a++　　C.*(a+1)　　D.p++
3. 有语句 int *point,a=4; 和 point=&a; 下面均代表地址的一组选项是 _____.
   A. a,point,*&a　　B.&*a,&a,*point
   C. *&point,*point,&a　　D.&a,&*point ,point
4. 有说明 ;int *p,m=5,n; 以下正确的程序段的是 ________.

```
A. p=&n;
B. p=&n;
    scanf("%d",&p);
    scanf("%d",*p);
C.scanf("%d",&n);
D.p=&n;
   *p=n;
   *p=m;
```

5. 以下程序中调用 scanf() 函数给变量 a 输入数值的方法是错误的，其错误原因是 ________.

```
main()
{
  int *p,*q,a,b;
  p=&a;
  printf("input a:");
  scanf("%d",*p);
```

```
    ……
}
```

A. *p 表示的是指针变量 p 的地址　B. *p 表示的是变量 a 的值，而不是变量 a 的地址

C. *p 表示的是指针变量 p 的值　D. *p 只能用来说明 p 是一个指针变量

二、填空题

1. 分析下面程序

```
#include <stdio.h>
void main()
{
    int i;
    int *int_ptr;
    int_ptr=&i;
    *int_ptr=5;
    printf("i=%d",i);
}
```

程序的执行结果是 ＿＿＿＿＿＿。

2. 已知下列函数定义

```
setw(int *b,int m,int n,int dat)
{
    int k;
    for(k=0;k<m*n;k++)
    {
        *b=dat;
        b++;
    }
}
```

则调用此函数的正确写法是 (假设变量 a 的说明为 int a[50]) ＿＿＿。

3. 执行以下程序段后 ,m 的值为 ＿＿＿＿＿＿。

```
int a[2][3]={1,2,3,4,5,6};
int m,*ptr;
ptr=&a[0][0];
m=(*ptr)*(*(ptr+2))*(*(ptr+4));
```

4. 已有变量定义和函数调用语句：int a=25; print_value(&a); 下面函数的正确输出结果是 ＿＿＿＿＿。

5. 若有以下定义 :int a[2][3]={2,4,6,8,10,12}; 则 a[1][0] 的值是 ＿＿＿，*(*(a+1)+0) 的值是 ＿＿＿＿＿。

三、上机题

期末考试结束后，任课教师需要统计学生成绩，已知数据是全班学生每人某门课程的平时成绩和期末试卷成绩。用选择法对期末成绩从高到低为全班学生排序，实现效果如图 5.18 所示。

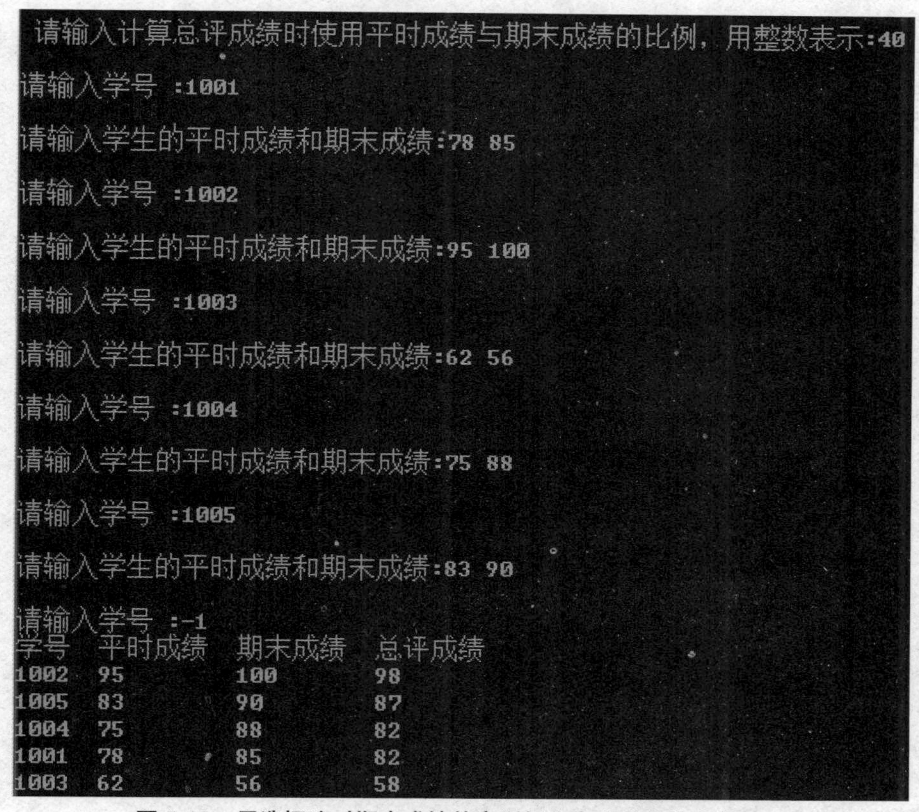

图 5.18　用选择法对期末成绩从高到低为全班学生排序效果图

用选择法对期末成绩从高到低为全班学生排序，如示例代码 5-18 所示。

示例代码 5-18 用选择法对期末成绩从高到低为全班学生排序

```
#include<stdio.h>
#define SIZE 300
typedef struct student
{   int number;
    int score[3];
}STUDENT;
typedef enum boolean
{  False,True
} FLAG;
```

```
int accept_data(STUDENT stu[]);
void swap(STUDENT *p1,STUDENT *p2);
void select(STUDENT stu[],int sum);
void show_data_1(STUDENT stu[],int sum);

void main()
{int sum;
 STUDENT stu[SIZE];
 sum=accept_data(stu);
 select(stu,sum);
 show_data_1(stu,sum);
}

int accept_data(STUDENT stu[])
{
  int i=0,sum=0,temp,ss=0,percent;
  FLAG flag;
  printf("\n 请输入计算总评成绩时使用平时成绩与期末成绩的比例,用整数表示 :");
  scanf("%d",&percent);
  while(i<SIZE)
  {
      printf("\n 请输入学号 :");
      scanf("%d",&stu[i].number);
      if(stu[i].number==-1)
      {
        sum=i;
        break;
      }
      printf("\n 请输入学生的平时成绩和期末成绩 :");
      flag=True;
      while(flag==True)
      {
        scanf("%d%d",&stu[i].score[0],&stu[i].score[1]);
        if(stu[i].score[0]<=100&&stu[i].score[0]>=0&&stu[i].score[1]<=100
          &&stu[i].score[1]>=0)
          flag=False;
        else
```

```
            printf("\n\007 错误数据！请再次输入学生的平时成绩和期末成绩 :");
        }
        temp=(int)(1.0*percent/100*stu[i].score[0]+1.0*(100-percent)/100*stu[i].score[1]);
        stu[i].score[2]=temp;
        i++;
    }
        return sum;
}

void show_data_1(STUDENT stu[],int sum)
{
    int i,j;
    printf(" 学号  平时成绩  期末成绩  总评成绩 \n");
    for(i=0;i<sum;i++)
    {
        printf("%-6d",stu[i].number);
        for(j=0;j<3;j++)
            printf("%-10d",stu[i].score[j]);
        printf("\n");
    }
}

void swap(STUDENT *st1,STUDENT *st2)
{
  STUDENT temp;
  int i;
  temp.number=st1->number;
  st1->number=st2->number;
  st2->number=temp.number;
  for(i=0;i<3;i++)
  {
    temp.score[i]=st1->score[i];
    st1->score[i]=st2->score[i];
    st2->score[i]=temp.score[i];
  }
}
```

```
void select(STUDENT stu[],int sum)
{
 int i,j,p;
 for(i=0;i<sum;i++)
 {
   p=i;
   for(j=i+1;j<sum;j++)
     {
     if(stu[j].score[1]>stu[p].score[1])
          p=j;
     }
   if(p!=i)
        swap(&stu[i],&stu[p]);
 }
}
```